Scheduling
Problemes i Tècniques
Una Introducció

Albert Corominas
Amaia Lusa

OmniaScience

Open Access Support

Si troba interessant aquest llibre li agrairíem que donés suport als autors i a OmniaScience per a poder continuar publicant llibres en Accés Obert.

Pot realitzar la seva contribució en el següent enllaç: http://dx.doi.org/10.3926/oss.32

Scheduling: Problemes i tècniques. Una Introducció

Autors:
Albert Corominas, Amaia Lusa
Universitat Politècnica de Catalunya (UPC-BarcelonaTech)

ISBN: 978-84-945603-2-3
DOI: http://dx.doi.org/10.3926/oss.32

ÍNDEX

ÍNDEX DE TAULES

ÍNDEX DE FIGURES

NOTES

Nota 1. Sobre els objectius d'aquest text

Aquest text s'ha concebut com un material docent per a assignatures de màster en què l'*scheduling* tingui un pes important, però no majoritari, en el programa. Hem pretès, sense suposar que l'estudiant en tingui cap coneixement previ, donar-ne una visió actual tenint-ne present el desenvolupament històric i aportacions recents, incloent-ne algunes del nostre grup de recerca.

Per descomptat, atesa l'extensió d'aquest camp de coneixement, no ens hem plantejat l'objectiu, impossible, que el text fos exhaustiu (en el títol ja s'ha indicat que es tracta d'una introducció, tot i que és una introducció relativament avançada), sinó que doni elements que facilitin l'accés a textos més amplis. Els problemes que s'hi tracten, exclusivament deterministes, s'han seleccionat per la seva rellevància en el desenvolupament de la teoria de l'*scheduling* o pel seu interès de cara a l'aplicació. Hem inclòs algunes demostracions per il·lustrar pautes de raonament útils per seguir o elaborar altres demostracions o que poden suggerir procediments de millora (com ara les demostracions basades en un argument d'intercanvi).

Els problemes de *scheduling* són, al cap i a la fi, problemes d'optimització combinatòria, per la qual cosa les idees sorgides en el camp de l'*scheduling* són útils per a altres problemes d'optimització combinatòria i viceversa. Per això en alguns casos hem indicat aquestes connexions. La familiaritat amb l'optimització combinatòria facilita sens dubte la comprensió del text i d'alguns desenvolupaments possibles.

Les referències a la complexitat dels problemes les hem reduïdes a les que ens han semblat indispensables[1].

Per ampliar coneixements sobre el tema, és especialment recomanable Pinedo (2012), reconegut actualment com el principal llibre de text avançat en matèria de *scheduling* i que conté unes sis-centes referències. En particular, inclou un tractament extens dels models estocàstics.

Amb un enfocament més orientat a les aplicacions industrials, Framinan i Ruiz (2010), Romero-Silva *et al.* (2015) i, sobretot, Framinan *et al.* (2014), que, com suggereix el seu títol, situa els problemes de *scheduling* en el context de la indústria manufacturera.

També és útil Companys (2003) amb molta informació sobre el començament i els fonaments de la matèria i exercicis nombrosos, en molt casos desenvolupats detalladament[2].

Nota 2. Sobre la terminologia emprada

En el camp de l'optimització combinatòria es denomina *problema* a una pregunta relativa a una estructura de dades. Per exemple, el TSP (*Travelling Salesman* –o *Salesperson*– *Problem*), consisteix a trobar un circuit hamiltonià de cost mínim en un graf. Els casos particulars del problema es denominen, en anglès, *instances*. Tot i que aquest terme té com a traduccions prou conegudes exemple (*for instance*: per exemple), cas o ocasió, se sol substituir per instància o *instancia* en textos o presentacions en català o en castellà, però això no sembla justificable. En el nostre grup de recerca, i a la docència, fem servir, des de fa molts anys, el terme *exemplar*, el qual preferim a *exemple*, perquè aquest darrer té altres connotacions i *exemplar* ("individu d'una espècie o classe d'animals, de plantes o d'objectes, que figura en

---

[1] Una introducció a la teoría de la complexitat a l'apèndix D de Pinedo (2012).

[2] En tot el text hem procurat incloure les referències corresponents a la formulació dels problemes, les demostracions i els algorismes. També hem citat, quan el coneixem, l'origen d'alguns exemples. Tot i que en molts casos no el sabem de cert, volem fer constar que alguns procedeixen de les classes del professor Ramon Companys, que va introduir l'ensenyament de l'*scheduling* a l'ETSEIB fa gairebé 50 anys, o estan recollits en textos dels quals és autor (en particular, a Companys, 2003).

una col·lecció") expressa perfectament la idea de representant d'una espècie (en el nostre cas, el *problema* fa el paper de l'espècie).

Hem decidit no traduir alguns termes anglesos, quan ens ha semblat que la traducció literal no n'expressava prou bé el significat en el context d'aquesta temàtica.

Entre d'altres, particularment, *scheduling* ("programació" s'hi ajusta força, i ocasionalment en fem ús en el text, però no és ben bé equivalent), *flow-shop* ("taller de flux"), *job-shop* i *open-shop*. En canvi, en comptes de *job* hem optat per "feina".

En alguna ocasió fem ús, en relació amb el temps necessari per a l'execució d'un algorisme, de l'expressió "temps acceptable", que, certament, és poc precisa. Tanmateix, a la pràctica, en una aplicació real, no és difícil determinar què és un temps acceptable, el qual té relació amb el tipus de problema que es tracta de resoldre i del context en què es planteja (pot anar des de fraccions de mil·lisegon, en una aplicació per d'ordenar l'expedició de missatges en una xarxa, a hores o dies si es tracta de programar les feines de la setmana o de l'any, respectivament).

Finalment, en la definició d'alguns problemes cal indicar propietats relatives a l'ordre en què les feines han de passar per les màquines (les rutes de les feines) o a l'ordre en què les màquines veuen passar les feines[3]. També es pot dir, de manera equivalent, que les feines visiten o veuen les màquines i que les màquines veuen les feines.

---

[3] Aquestes expressions tenen l'inconvenient que semblen suggerir que les màquines tenen posicions fixes i les feines són mogudes (o es mouen) per anar a les màquines. Això és així en molts casos, però també n'hi ha en que la feina es estàtica i les màquines s'hi han d'acostar per fer les operacions corresponents.

CAPÍTOL 1

INTRODUCCIÓ

1.1. *Scheduling:* què és i per a què serveix

Scheduling es refereix a una família àmplia de problemes de programació d'activitats que, per ser dutes a terme, requereixen uns recursos escassos.

Exemples de programació d'activitats que són problemes de *scheduling*:

- Comandes amb dates de lliurament determinades, per tal de minimitzar els retards en relació amb aquestes dates.
- Operacions en un taller de producció de peces metàl·liques, per tal d'acabar com més aviat millor un conjunt determinat de comandes.
- Aterratges d'avions en una pista d'un aeroport, per tal d'ajustar-se tan com sigui possible als horaris previstos tot respectant les condicions de seguretat.
- Programes informàtics, amb disponibilitat de CPUs diverses per executar-los.
- Operacions en un quiròfan.

Aquesta llista, que recull només uns pocs exemples entre els molts possibles, posa de manifest la diversitat dels problemes de *scheduling* pel que fa als entorns en què es plantegen, la naturalesa de les activitats, el nombre i naturalesa dels recursos i els criteris que es desitja optimitzar o que s'adopten per valorar les solucions.

Observeu que per definir una solució cal decidir amb quins recursos es fan les activitats, en quin ordre i en quin moment.

Ara bé, hi ha problemes de programació d'activitats que, per les seves peculiaritats o per la seva importància, generalment, o mai, no es consideren inscrits en l'àmbit de l'*scheduling*:

- Programació de projectes.
- Rutes de vehicles.
- Horaris de classes.
- Horaris de transport públic (ferrocarrils, etc.).
- Línies de muntatge o de producció.
- Organització del temps de treball.

Què caracteritza, doncs, els problemes de *scheduling?:*

- Uns elements que han de ser processats. Poden ser els materials amb què s'obtindran unes peces, persones, programes informàtics, avions, comandes... Genèricament se solen denominar peces, comandes o, en anglès, ***jobs*** (que, en aquest text traduïm per ***feines***). Per denotar el nombre de feines, quan està determinat, s'utilitza habitualment el símbol n.

- Cada feina comprèn un conjunt d'***operacions***, entre les quals pot haver-hi, o no, relacions de precedència. Aquestes, i és un cas força habitual, poden arribar a definir totalment l'ordre en què s'han d'executar les operacions.

- Per dur a terme les operacions calen uns recursos: màquines, persones, seccions d'una planta industrial, pistes d'aterratge, CPUs... Per referir-nos-hi genèricament farem servir el terme ***màquines***. Per al nombre, el símbol m.

- Cada operació té associat un conjunt de màquines, que pot tenir un o més elements, els quals són les màquines que poden dur a terme l'operació.

- El temps que requereix el processament d'una operació en cada una de les màquines que té associades se suposa conegut (el valor, si es considera determinista; la distribució, en el cas que es consideri estocàstic). La notació habitual corresponent al temps de processament en la màquina i de l'operació k de la feina j (que consta de v_j operacions) és p_{ijk} ($i = 1, \ldots, m$; $j = 1, \ldots, n$; $k = 1, \ldots, v_j$).

- Es tracta de determinar les màquines en què s'han de fer les operacions i els instants d'inici de cada operació (o de cada part de cada operació que sigui divisible), tot respectant les restriccions derivades de la naturalesa de les feines i de les màquines i optimitzant un o més criteris.

Els problemes de *scheduling* han existit des que existeixen els sistemes productius, però es considera que el primer en tractar-los formalment (Potts i Strusevich, 2009) va ser Henry Laurence Gantt[4,5] a Gantt (1913)[6]. Però no tornaren a aparèixer treballs significatius sobre el tema fins a la publicació de Johnson (1954). Aquest article inicià un corrent de publicacions d'intensitat creixent (segons Potts i Strusevich, 2009: més de 200 des de 1996; 300 a 2005, 2006 i 2007).

Com anirem veient, la recerca en matèria de *scheduling* s'ha centrat molt majoritàriament en problemes molt abstractes, la relació dels quals amb els problemes reals no sempre és immediata. Tanmateix, els models que són objecte de la recerca moltes vegades donen respostes (que en alguns casos són regles d'aplicació molt senzilla i que requereixen pocs càlculs) directament aplicables a situacions reals. A més, l'estudi dels models i de llurs algorismes de resolució ajuda a comprendre el funcionament dels sistemes reals i dóna idees i esquemes per tractar els problemes que s'hi presenten[7].

1.2. Dues primeres classificacions dels problemes de *scheduling*

Els problemes de *scheduling* es poden classificar de maneres diverses, perquè les característiques que els diferencien significativament són molt nombroses. De

---

[4] 1861-1919.

[5] http://en.wikipedia.org/wiki/Henry_Gantt conté informació sobre la vida i obra de Gantt –informació que s'ha de llegir críticament: diu que el PERT és una variant del diagrama de barres– i enllaços a les seves obres.

[6] A Potts i Strusevich (2009) es dóna com a data d'aquesta referència 1916 i a l'article de Wikipedia sobre Gantt també es diu que la primera discussió sobre *scheduling* apareix, l'any 1916, a la 2ª edició de *Work, Wages, and Profits*. Tanmateix, en el mateix article de Wikipedia hi ha un enllaç a l'original de la 2ª edició d'aquesta obra i la data que hi figura és 1913.

[7] Com s'ha indicat en la Nota 1, al principi del text, en aquest només es tracten problemes deterministes. L'aleatorietat pot procedir de les feines (temps d'arribada al sistema del material necessari per iniciar una feina), de la disponibilitat de les màquines (per avaria) o de la variabilitat en els temps de processament.

fet, com s'indica més endavant, hi ha hagut dues propostes de classificació que associen un codi (de quatre o tres camps, respectivament) a cada tipus de problema (la classificació amb un codi de tres camps és la que està en ús actualment).

Ara bé, en aquest punt només es tracta de presentar la classificació en grans tipus de problemes que s'ha adoptat per determinar l'ordre d'exposició i, per tant, l'estructura d'aquest text.

1.2.1. Nombre d'etapes i nombre de màquines

En alguns textos es considera com a criteri principal de classificació el nombre de màquines, m, i se separen els casos amb $m = 1$ i amb $m > 1$ i es divideixen aquests darrers entre aquells en què cada feina té una sola operació i aquells en què hi ha feines amb més d'una operació, denominats respectivament problemes amb màquines en paral·lel i problemes amb màquines en sèrie (per raons que podem qualificar com a històriques, derivades del fet que l'article fundacional de l'*scheduling* –Johnson, 1954– versa sobre màquines en sèrie, és freqüent que textos i programes docents donin prioritat als problemes de màquines en sèrie, fins al punt de no tractar els de màquines en paral·lel).

Aquí, en canvi (i d'acord amb Potts i Strusevich, 2009) s'adopta com a criteri principal el nombre d'operacions per feina: $v_j = 1 \forall j$ per un costat i $\exists v_j > 1$ (problemes amb una etapa i problemes amb etapes múltiples, respectivament). Per llur part, els problemes amb una etapa es classifiquen d'acord amb el valor de m: $m = 1$ o $m > 1$. L'ordre en què es presenten els problemes és, en conseqüència, el següent:

- Problemes amb una etapa i $m = 1$: 1 màquina.
- Problemes amb una etapa i $m > 1$: màquines en paral·lel.
- Problemes amb més d'una etapa ($\exists j \mid v_j > 1$): màquines en sèrie.

De cara a la descripció d'aquests darrers calen nous nivells de classificació, que s'indicaran més endavant.

1.2.2. Problemes estàtics, semidinàmics i dinàmics

El que caracteritza els problemes estàtics i semidinàmics és que l'horitzó de programació i el nombre de feines, n, són finits i es disposa de tota la informació sobre les feines i les màquines abans de l'instant inicial de l'horitzó de programació ($t = 0$). Aleshores, el problema es denomina estàtic si i només si totes les feines i totes les màquines estan disponibles a $t = 0$; altrament, es denomina semidinàmic.

En els problemes dinàmics, l'horitzó és il·limitat i hi ha feines de les quals no es té informació fins a un instant no conegut a priori.

Un mateix tipus de problema és més difícil de resoldre si és semidinàmic que si és estàtic, però en els dos casos es disposa de tota la informació per obtenir una solució abans d'implantar-la. Els dinàmics són molt més difícils, ja que la informació va arribant a mesura que es van duent a terme les operacions i, per tant, el programa d'activitats encara no executades pot anar canviant a mesura que transcorre el temps.

1.3. Supòsits per defecte

En l'àmbit de l'*scheduling*, com en d'altres, hi ha coses que, per tradició o per costum, es donen per suposades llevat que s'indiqui el contrari (la qual cosa no implica cap pretensió sobre que siguin les més habituals en els sistemes reals). En el nostre cas:

- Una màquina només pot fer una operació en un moment donat; és a dir, no pot fer més d'una operació simultàniament.
- No es pot fer simultàniament més d'una operació d'una mateixa feina.
- L'únic recurs limitat són les anomenades màquines. Les persones que les han de fer funcionar, els mitjans de manutenció i qualsevol altre recurs necessari estan disponibles en quantitat suficient i el temps que requereix és negligible o se superposa amb els temps de processament a les màquines: si no és així, aquests recursos s'han de tractar com a màquines.
- Des que es comença una operació fins que s'acaba no hi ha interrupcions.
- Totes les màquines estan disponibles des de l'instant inicial ($t = 0$).
- Totes les feines estan disponibles des de l'instant inicial ($t = 0$). De tota manera, aquest supòsit es relaxa més sovint que l'anterior (referit a les màquines).

- No hi ha convergències ni divergències. És a dir, dues o més feines no s'ajunten per formar, conjuntament, una nova feina ni una feina se separa en dues o més.
- L'ordre d'execució de les operacions d'una feina està predeterminat.
- Cada operació s'ha d'executar en una màquina predeterminada.
- Els temps entre una operació d'una feina i la següent no estan subjectes a cap condició.
- Hi ha espai (*buffer*) suficient per a les cues de feines a l'espera que un recurs estigui disponible (és a dir, les màquines no es poden bloquejar perquè la manca d'espai impedeixi descarregar-les).

Un altre supòsit implícit, summament important des del punt de vista de l'aplicació, és que els costos d'execució de les operacions són independents del moment i de la màquina en què s'executen (quan poden executar-se en més d'una màquina). De fet, com es veurà més endavant, en el punt 1.4, els criteris d'optimització habituals en les publicacions sobre els problemes de *scheduling* no tenen en compte de cap manera els costos d'execució, la qual cosa és coherent amb el supòsit expressat que, tanmateix, sovint pot estar lluny de la realitat.

1.4. Terminologia i notació

En punts anteriors ja han estat introduïdes algunes de les notacions que s'utilitzen sistemàticament en el camp de l'*scheduling:*

- m Nombre de màquines.
- n Nombre de feines.
- i Subíndex per referir-se a una màquina.
- j Subíndex per referir-se a un feina.
- p_{ij} Temps de processament de la feina j a la màquina i (quan a la màquina i només es pot fer una operació de la feina j).
- p_{ijk} Temps de processament de l'operació k de la feina j a la màquina i.

També són d'ús universal les notacions següents:

- r_j Instant (≥ 0) en què està disponible la feina j (r correspon indistintament a *ready date* o, més sovint, a *release date* –en comptes de *date* també es pot dir *time*–; en els problemes estàtics totes les màquines estan disponibles indefinidament des de $t = 0$ i $r_j = 0\ \forall j$).

- C_j Instant de compleció de la feina j (*completion time*); també s'empra C_{ij} per a l'instant de compleció de la feina j a la màquina i.

- d_j Data compromesa (*due date*); es considera que és la data compromesa amb el client i, per tant, es desitja que $C_j \leq d_j$ (i, de vegades, que $C_j = d_j$). C_j pot ser $> d_j$, però això implica algun tipus de penalització.

- $\overline{d}_J$ Termini (*deadline*), que es distingeix de la *due date* en què la *deadline* s'ha de respectar estrictament: s'ha de satisfer la restricció $C_j \leq \overline{d}_J$.

- w_j Pes (*weight*), és a dir, coeficient que expressa la importància de la feina j (de vegades s'utilitza aquesta mateixa notació per al temps d'espera –*waiting time*–).

- $L_j = C_j - d_j$ *Lateness*; malgrat que *lateness* i *tardiness* són pràcticament sinònims i signifiquen retard, de fet L_j pot expressar avançament (quan té un valor negatiu: la feina es completa abans de la data compromesa) o retard (quan té un valor positiu: la feina es completa després de la data compromesa).

- $E_j = \max(-L_j, 0)$ *Earliness*, avançament.

- $T_j = \max(L_j, 0)$ *Tardiness*, retard.

- u_j *Unit penalty*: paràmetre binari igual a 1 si i només si $C_j > d_j$ (és a dir, si i només si hi ha retard).

Hi ha també una notació menys utilitzada:

- f_i Instant (≥ 0) en què està disponible la màquina i (f correspon a *free time*); és a dir, la màquina està ocupada a $t < f_i$ i disponible a $t \geq f_i$.

La notació exposada intervé en el sistema de codificació dels problemes de *scheduling* (amb un codi de tres camps) proposat per Graham, Lawler, Lenstra i Rinnooy Kan l'any 1979 (Graham *et al.*, 1979) i que ha arribat a substituir quasi completament el sistema (amb un codi de quatre camps) de Conway, Maxwell i Miller, de 1967 (Conway *et al.*, 1967).

En aquest darrer, els camps corresponen, respectivament, a:

- Nombre de feines.
- Nombre de màquines.
- Tipus de flux.
- Criteri d'optimització.

No es detalla aquí quins símbols s'utilitzen en cada un d'aquests camps perquè aquesta codificació s'interpreta fàcilment si es coneix la notació emprada en el codi de tres camps.

Pel que fa al sistema de Graham *et al.* (1979), facilita la identificació de forma compacta i precisa de les característiques principals del problema (amb l'inconvenient, no imputable als autors, que la combinatòria permet generar milions de tipus de problemes de *scheduling*, no tots els quals tenen correspondència en el món real). El codi és de la forma $\alpha | \beta | \gamma$:

- α Descriu el que es denomina entorn de les màquines (que inclou els tipus de rutes de les feines) i conté exactament una entrada.

- β Conté informació, no continguda en el camp α, sobre característiques del procés i restriccions; pot ser buit o comprendre una o diverses entrades.

- γ Es el criteri que es vol optimitzar (gairebé sempre, però no sempre, minimitzar) i el més habitual és que contingui una sola entrada.

Entrades possibles en el camp α:

Una màquina:

- 1 Una màquina

Màquines en paral·lel:

- *Pm* m màquines idèntiques en paral·lel (m, en aquest i en altres casos, pot ser un enter positiu o bé la mateixa lletra m –i aleshores significa un nombre de màquines qualsevol ≥ 2–); el temps de processament d'una feina, p_j, és el mateix per a totes les màquines.

- *Qm* m màquines, dites *uniformes*, en paral·lel; *uniformes* significa aquí que els temps p_{ij} es poden expressar com el quocient d'un numerador que només depèn de la feina, p_j, i un denominador que correspon a la velocitat de la màquina, v_i (també s'ha utilitzat la notació s_i, per la s de *speed*, però es pot confondre amb el temps de *setup*: vegeu aquesta entrada del camp β): $p_{ij} = p_j / v_i$.

- *Rm* m màquines, , dites *no relacionades* (*unrelated)*, en paral·lel; els valors de p_{ij} no tenen cap propietat específica.

Altres:

- *Fm* *Flow-shop:* hi ha m màquines en sèrie; totes les feines comprenen m operacions que s'han d'executar, respectivament i successivament, en les màquines 1, 2,..., m; si les feines que surten d'una màquina i ($i = 1, ..., m - 1$) respecten la disciplina FIFO davant la màquina següent es diu que és un *permutation flow-shop*, perquè la permutació inicial de les feines, és a dir, l'ordre en què passen per la màquina 1 es manté en el pas per totes les altres màquines i, per tant, és també l'ordre en què surten del sistema (quan el problema presenta aquesta peculiaritat s'ha d'especificar en el camp β, amb l'entrada *prmu*).

- *FFc* *Flow-shop* flexible: és una extensió de l'anterior; aquí, en comptes de m màquines hi ha c etapes, en cada una de les quals hi ha un cert nombre de màquines (idèntiques, segons Pinedo, 2012, però qualssevol segons altres) en paral·lel (és a dir, en cal només una, qualsevol, per fer l'operació corresponent); també es denomina *flow-shop* híbrid i, *flow-shop* amb multiprocessadors.

- *Jm* *Job-shop*: cada feina té una ruta (seqüència de màquines per les quals ha de passar) preestablerta i aquestes rutes no són iguals, a diferència del que caracteritza el *flow-shop*; es distingeix el cas en què cap feina passa per cap màquina més d'una vegada d'aquell en què no es compleix aquesta condició (és a dir, en què alguna feina passa dues vegades o més per la mateixa màquina; aquesta característica, recirculació, s'indica en el camp β amb l'entrada *rcrc*). Alguns autors inclouen en la definició de *Jm* la condició que cada feina passa exactament una vegada per cada màquina, és a dir, que el nombre d'operacions de què consta una feina és igual al nombre de màquines i que cada una d'aquestes operacions s'executa en una màquina diferent.

- *FJc* *Job-shop* flexible: es distingeix de l'anterior en què hi ha operacions (potser totes) que es poden dur a terme en dues o més màquines; les màquines es poden considerar (Pinedo, 2012), o no, agrupades en etapes; com en el cas anterior, si hi ha recirculació s'especifica a β amb l'entrada *rcrc*).

- *Om* *Open-shop*: les operacions de què consta una feina es poden executar en un ordre qualsevol.

Algunes entrades possibles en el camp β (n'hi pot haver d'altres):

- *batch*(*b*) Lots de dimensió *b:* més precisament, hi ha màquines que poden processar fins a *b* feines a la vegada.

- *block* Hi ha màquines que es poden bloquejar perquè, en acabar una operació, no poden ser descarregades, sigui perquè no hi ha espai entre la màquina i la següent o perquè l'espai reservat a l'efecte és ple; mentre dura el bloqueig, la màquina no pot operar.

- *brkdown* Les màquines no sempre estan disponibles (per exemple, perquè hi ha períodes programats dedicats al manteniment; tot i que l'entrada és una compactació del terme *breakdown*, equivalent a avaria, l'aparició de la qual, d'una altra banda, és aleatòria). Cal dir que les màquines poden no estar disponibles perquè estan compromeses per dur a terme operacions programades prèviament (tot i que aquesta situació és habitual, ha estat molt poc tractada).

- $d_j = d$ Totes les dates compromeses són iguals.

- *fmls* Les feines formen famílies, la qual cosa significa que si una màquina treballa consecutivament sobre dues feines de la mateixa família no hi ha temps de preparació (o el temps de preparació no depèn de la seqüència: vegeu, més avall, entrada s_{jk}) i que si després d'una feina d'una família es processa una feina d'una altra hi ha un temps de preparació que pot ser el mateix per a totes les famílies, específic de cada família o dependent de la seqüència (diguem de les famílies sortint i entrant).

- M_j Correspon al cas de màquines en paral·lel; la presència d'aquesta entrada significa que hi ha feines que no es poden executar en totes les màquines, sinó sols en un conjunt especificat (M_j).

- *nwt* *No wait*, condició de no espera: hi ha feines amb operacions que han de començar immediatament que s'hagi completat l'operació anterior de la mateixa feina (per exemple, per evitar que es refredi o perquè un material s'adorm o qualla).

- $p_j = p$, $p_j = 1$ Correspon al cas de màquines en paral·lel; el temps de processament és el mateix per a totes les feines ($p_j = p$ es pot reduir a $p_j = 1$ si s'adopta p com a unitat de temps).

- *prec* Indica que hi ha precedències entre feines (no es pot començar a treballar en una feina si les seves precedents no s'han completat); hi ha casos particulars (aleshores l'entrada corresponent al cas particular desplaça l'entrada *prec*): *chains* (cadenes: cada feina té com a màxim una predecessora i una successora immediates); *intree* (una feina té una successora immediata com a màxim); *outtree* (una feina té una predecessora immediata com a màxim).

- *prmp* *Preemption* (en català: preempció) significa dret preferent de compra; en el nostre context vol dir que l'execució d'una operació es pot interrompre, de manera que la màquina que l'està executant passa a actuar sobre una altra operació i que la part pendent de l'operació interrompuda s'executa més tard en la mateixa màquina o bé un una altra, immediatament o més tard.

- *prmu* Permutació (vegeu entrada *Fm* del camp α).

- r_j Indica que hi ha feines no disponibles a $t = 0$.

- *rcrc* Recirculació (vegeu entrades *Jm* y *FJc* del camp α): hi ha feines que han de passar més d'una vegada per una màquina o grup de màquines.

- s_{jk}, s_{ijk} Hi ha temps de preparació (*setup*) que depenen de la seqüència (de dues feines consecutives –*j*, *k*: s_{jk}– o de la màquina i de la seqüència de feines consecutives –*i*, *j*, *k*: s_{ijk}–); mentre es fa la preparació la màquina no pot dur a terme operacions; si el temps de preparació només depèn de la feina o de l'operació, es pot considerar incorporat al temps de processament, no requereix cap tractament especial i, per tant, no cal fer-ne menció.

- *split* Indica la possibilitat que en qualsevol instant diverses parts d'una feina siguin processades per més d'una màquina en un mateix instant (per exemple, si la feina és un lot que pot dividir-se en sublots o en les unitats de què consta). Observeu que en el cas de preempció (*prmp)* una operació es pot processar en més d'una màquina, però en un instant donat només pot estar sent processada per una màquina com a màxim.

La manca d'una entrada en el camp β significa l'absència d'aquella característica. Que el camp sigui buit significa que no hi ha lots, bloquejos, manca de disponibilitat de les màquines, etc.

El camp γ especifica el criteri o criteris d'optimització. Aquests, en general, són funcions de les C_j (instants de compleció dels feines). Les primeres que es varen proposar són *mesures regulars d'eficiència*, que són aquelles que només poden disminuir si decreix el valor d'una o més C_j (és a dir, funcions no decreixents en C_1, ..., C_n). Aquestes funcions estan definides de manera que una solució és preferible a una altra si la mesura de la primera és menor que la de la segona; per tant, son funcions que es desitja minimitzar. L'ús de mesures regulars respon a la idea tradicional ("qui matina fa farina") que convé fer les coses com més aviat millor. Aquesta idea, tanmateix, no és compatible amb l'enfocament *just-in-time*, segons el qual les coses no s'han de fer ni tard ni aviat, sinó en el moment just; això ha donat lloc a la definició de mesures no regulars d'eficiència, en què els avançaments també es penalitzen, per la qual cosa es pot donar el cas que la mesura d'eficiència millori (i. e., el seu valor es redueixi) si alguna o algunes C_j augmenten (Ríos-Mercado i Ríos-Solís, 2012).

Els criteris d'optimització més emprats (i que, si no s'indica el contrari, es desitja minimitzar) són (totes les sumes per a $j = 1, ..., n$):

- C_{max} — *Makespan*, instant en què es completa la feina que es completa més tard.

- $\sum C_j$, $\sum w_j \cdot C_j$

- $\sum(C_j - r_j)$, $\sum w_j \cdot (C_j - r_j)$ — Equivalents als anteriors quan $r_j = 0 \ \forall j$; com que $C_j - r_j$ és el temps d'estada en el sistema de la feina j i $\sum(C_j - r_j)$ és proporcional a $\sum(C_j - r_j)/n$ (temps mitjà d'estada en el sistema dels feines), minimitzar $\sum(C_j - r_j)$ és equivalent a minimitzar el temps mitjà d'estada el sistema de les feines, és a dir, minimitzar el *lead time* mitjà.

- $|E|, 1|w_j|\sum_{j \in E} w_j$ — E és el conjunt de feines *just-in-time*, és a dir, tals que $C_j = d_j$; per tant, $|E|$ és el nombre de feines *just-in-time*. Quan es fa ús d'aquests criteris, es tracta de maximitzar-los.

- T_{max} — Retard màxim.

- $\sum T_j$, $\sum w_j \cdot T_j$ — $\sum T_j$, proporcional a retard mitjà.

- $\sum U_j$, $\sum w_j \cdot U_j$ — $\sum U_j$, nombre de retards.

- $\sum E_j + \sum T_j$, $\sum w_j^E \cdot E_j + \sum w_j^T \cdot T_j$

Tot i que hi ha treballs en què el criteri a optimitzar és $\sum E_j + \sum T_j$, és difícil que es doni una situació real en què retards i avançaments tinguin la mateixa importància; l'ús de pesos diferents per uns i altres $\sum w_j^E \cdot E_j + \sum w_j^T \cdot T_j$ permet tenir en compte llurs diferents repercussions; el supòsit que la repercussió dels avançaments és proporcional a llurs valors és acceptable en moltes situacions reals, però pel que fa als retards això és més improbable: la repercussió és més sovint convexa i fins i tot pot haver-hi *deadlines* ($\bar{d}_j$), tal com s'ha representat a la Figura 1. Tot i que generalment el cost d'un retard és més important que el d'un avançament de la mateixa magnitud, hi ha molts casos que l'avançament té associat un cost significatiu. Això pot ser, per exemple, perquè el producte acabat requereixi molt espai d'emmagatzemament o perquè per evitar que es faci malbé s'ha de conservar, fins a d_j, a una temperatura molt baixa o en condicions especials.

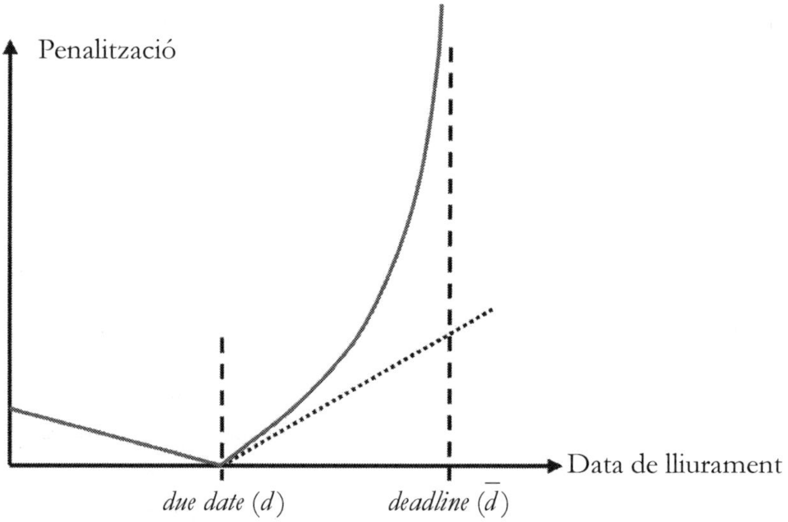

Figura 1. Exemple de funció de penalització per a avançaments i retards en el lliurament.

És interessant la relació de proporcionalitat entre el *lead time* mitjà, $\sum(C_j - r_j)/n$, i el treball en curs *(work in process)* mitjà, quan aquest es mesura en nombre de feines presents en el sistema.

La Figura 2 (o qualsevol altra anàloga) posa de manifest que la suma dels temps d'estada en el sistema de les feines (durant l'interval de temps considerat), $\sum_{j=1}^{n} \tau_j$, és igual a la suma dels nombres de feines presents en el sistema en cada període, $\sum_{t=1}^{T} \eta_t$ (ja que el nombre de cel·les acolorides és el mateix si es compta per files que si es compta per columnes). Per tant:

$$\frac{\sum_{t=1}^{T} \eta_t}{T} = \frac{n}{T} \cdot \frac{\sum_{j=1}^{n} \tau_j}{n} = \lambda \cdot \frac{\sum_{j=1}^{n} \tau_j}{n}$$

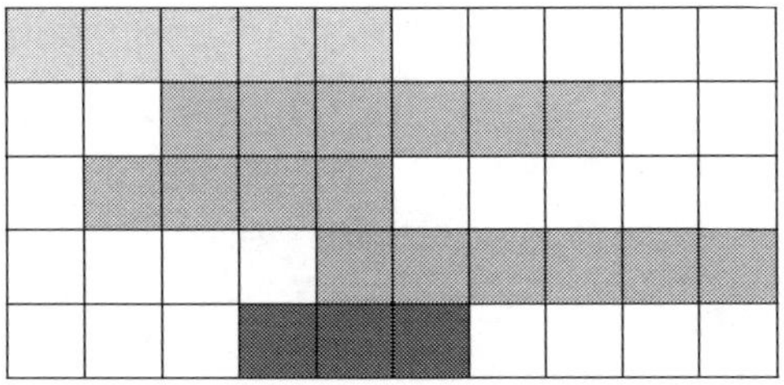

Figura 2. Un diagrama de Gantt de l'estada en el sistema de n = *5 feines durant* T = *10 unitats de temps.*

és a dir, el *work in process* mitjà és igual al temps d'estada mitjà multiplicat per la relació, λ, entre el nombre total de feines presents en algun moment de l'interval de temps considerat i la durada d'aquest interval de temps (si aquest interval s'inicia a $t = 0$, λ és la taxa mitjana d'arribades; si no, no la podem denominar així, ja que els feines presents a l'instant inicial de l'interval considerat poden haver arribat al sistema amb anterioritat). Observeu que la relació es compleix tant si les feines presents en el sistema a $t = T$ l'abandonen en aquell mateix instant com si hi segueixen presents amb posterioritat. Aquesta relació de proporcionalitat entre el *work in process* mitjà i el temps d'estada mitjà es coneix com a llei de Little[8] (que, en la teoria de cues s'expressa com $L = \lambda \cdot W$; Little, 1961).

Observeu, d'una altra banda, que totes les funcions objectiu emprades tradicionalment en els problemes de *scheduling* es refereixen al temps. Els costos no són mai explícits, tot i que es pot interpretar que es minimitzen perquè són proporcionals al temps. Aquesta interpretació, tanmateix, no és vàlida en tots el supòsits. Els costos poden dependre del moment en què s'executen les operacions perquè aquestes requereixin un recurs (com ara energia o mà d'obra) amb preus dependents del temps. A més, si com passa en els *fJSP*, hi ha operacions amb més d'una màquina que les pot dur a terme, els costos, òbviament, poden dependre de com s'assignin les operacions a les màquines.

En el context dels problemes de *scheduling* convé sovint referir-se a una posició en una seqüència. Per fer-ho, s'usa habitualment la notació $[j]$ per indicar la posició

[8] http://web.mit.edu/sgraves/www/papers/Little%27s%20Law-Published.pdf

j-enèsima o la feina que ocupa aquesta posició en la seqüència. Per tant, en un problema en una màquina, per exemple, $p_{[j]}$ denota el temps de processament de la feina que ocupa la posició j-enèsima de la seqüència, a diferència de p_j, que correspon a la feina que té assignat l'identificador j i que podria identificar-se de qualsevol altra manera.

CAPÍTOL 2

PROBLEMES AMB UNA MÀQUINA

Tot i que pot donar la impressió que aquests problemes deuen ser senzills, n'hi ha una gran varietat i amb graus de dificultat molt variables. El nombre de maneres d'ordenar les feines, si no hi ha precedències, és $n!$, cosa que fa descartar la mera enumeració com a possible forma de resoldre'ls, llevat que n sigui molt petit (per exemple, $20! \approx 2{,}433 \cdot 10^{18}$ i, a raó de 10^{-9} s per generar i avaluar cada ordenació, caldrien uns 77,15 anys per processar-les totes). Tractarem primer els problemes estàtics (2.1) i després els semidinàmics.

Com que només hi ha una màquina, l'índex i és superflu i podem fer servir la notació p_j per als temps de processament.

En els problemes estàtics amb mesures d'eficiència regulars sempre hi ha solucions òptimes sense temps d'espera (la màquina treballa ininterrompudament des de $t = 0$ fins a C_{max}). En canvi, hi ha problemes semidinàmics, tal com s'argumenta més endavant, en els quals es pot donar el cas que totes les solucions òptimes incloguin temps d'espera.

Per il·lustrar l'aplicació dels algorismes farem servir l'Exemple 1 (Taula 1).

j	**1**	**2**	**3**	**4**	**5**	**6**	**7**	**8**	**9**
p_j	65	34	21	30	5	81	65	88	67
w_j	50	26	68	65	68	33	7	94	69
p_j/w_j	1,300	1,308	0,309	0,462	0,074	2,455	9,286	0,936	0,971
d_j	153	305	268	284	9	491	40	87	334

Taula 1. Exemple 1.

2.1. Problemes amb 1 màquina: estàtics

2.1.1. $1||C_{max}$

És trivial, perquè el valor de C_{max} és igual a $\sum_{j=1}^{n} p_j$ per a totes les solucions i, per tant, totes elles són òptimes.

2.1.2. $1||\sum C_j$, $1|w_j|\sum w_j \cdot C_j$

En el cas $1||\sum C_j$, la solució òptima (o solucions òptimes, en el cas que hi hagi subconjunts de feines els elements de les quals tinguin iguals valors de p_j) s'obté ordenant les feines d'acord amb la regla SPT (*Shortest Processing Time*), és a dir, en ordre no decreixent de les p_j (vegeu la Demostració 1 a l'Annex).

Per a l'Exemple 1 hi ha dues seqüències òptimes: 5-3-4-2-1-7-9-6-8 i 5-3-4-2-7-1-9-6-8 (l'ordre relatiu de les feines 1 i 7 és indiferent, perquè tenen el mateix temps de processament). Els temps de compleció s'han calculat a la Taula 2.

j	**5**	**3**	**4**	**2**	**7(1)**	**1(7)**	**9**	**6**	**8**
p_j	5	21	30	34	65	65	67	81	88
C_j	5	26	56	90	155	220	287	368	456

Taula 2. Càlcul dels temps de compleció per a les seqüències òptimes de l'Exemple 1.

La suma dels temps de compleció és 1.663; el temps mitjà d'estada en el sistema, 1.663/9 = 184,78; el nombre mitjà d'unitats en el sistema (per la llei de Little), 1.663/456 = 3,65.

Quant al problema $1 \mid w_j \mid \sum w_j \cdot C_j$, la solució òptima (o solucions òptimes) s'obté mitjançant la regla WSPT (*Weighted Shortest Processing Time*), és a dir, ordenant les feines de manera que els valors p_j / w_j constitueixin una successió no decreixent (Smith, 1956; vegeu la Demostració 2 a l'Annex).

La seqüència òptima per a l'Exemple 1 és 5-3-4-8-9-1-2-6-7; els temps de compleció, 5-26-56-144-211-276-310-391-456; el valor de la funció objectiu, 71.798.

2.1.3. $1 \| L_{max}$, $1 \| T_{max}$

Aquest problema només té sentit si les feines tenen associades dates compromeses, d_j. A Jackson (1955) es demostra que $1 \| L_{max}$ es resol amb la regla EDD (*Earliest Due Date*: ordre no decreixent de les d_j), la qual, per tant −recordeu les definicions de *lateness* i de *tardiness*− resol també $1 \| T_{max}$ (vegeu la Demostració 3 a l'Annex).

El resultat (la minimització del retard màxim s'obté amb la regla EDD) és senzill i, finalment, si es vol dir així, intuïtiu: fer primer el més urgent.

En l'Exemple 1, l'ordre EDD és 5-7-8-1-3-4-2-9-6, que dóna temps de compleció (i *lateness*) 5(-4)-70(30)-158(71)-223(70)-244(-24)-274(-10)-308(3)-375(41)-456(-35). Per tant, $L_{max} = 71$.

Amb aquest tipus de funció objectiu (es tracta de minimitzar el valor màxim d'una variable) és freqüent que hi hagi multiplicitat de solucions òptimes, perquè pot haver-hi solucions amb el mateix valor màxim en què els valors inferiors al màxim siguin diferents en unes i altres solucions. En l'Exemple 1 es poden intercanviar, posem per cas, les posicions de les feines 3 i 4, les *lateness* de les quals passen de valer, respectivament, -24 i -10 a valer, també respectivament, 6 i -21; per tant, la seqüència 5-7-8-1-4-3-2-9-6 també té una $L_{max} = 71$ i també és òptima.

Observeu que, amb el mateix exemple, també hi havia multiplicitat de solucions (2) en el cas $1 \| \sum C_j$, però això era per la coincidència dels temps de processament de dues feines. En el problema $1||L_{max}$ també es dóna, per descomptat, el cas d'òptim únic, però les seves característiques afavoreixen que hi hagi òptims múltiples. Això porta a considerar la conveniència d'introduir un segon criteri (per exemple, $\sum C_j$) per decidir la solució preferida entre les que són òptimes en relació amb el primer criteri (L_{max}, en aquest cas). Òbviament, la introducció del criteri de desempat complica significativament la resolució del problema (no es tracta de trobar una solució òptima en relació amb el segon criteri, sinó de trobar una solució òptima en relació amb el segon criteri entre aquelles que són òptimes en relació amb el primer).

Els problemes de *scheduling* multicriteri, una vegada han quedat resolts força satisfactòriament molts problemes amb un sol criteri, són objecte actualment d'actives recerques i donen lloc a nombroses publicacions. Tanmateix, el seu tractament queda fora de l'abast d'aquest text.

2.1.4. $1||\sum U_j$

Es tracta de minimitzar el nombre de feines retardades, és a dir, que es completen en instants posteriors a llurs dates compromeses, d_j.

El problema es pot resoldre amb un algorisme degut a Moore (1968):

1. Inicialitzar la seqüència S: Totes les feines ordenades segons la regla EDD. Calcular les dates de compleció de totes les feines. Inicialitzar el conjunt R : $R = \varnothing$.
2. Determinar quina és la primera feina retardada de S, sigui la que ocupa la posició r. Si no n'hi ha, anar a 4. Anar a 3.
3. Determinar, entre les r primeres feines de S, la que té el temps de processament més llarg, passar-la de S a R i recalcular les dates de compleció de les feines de S.
4. Fi de l'algorisme amb la solució, òptima, que consisteix a col·locar les feines de R, en qualsevol ordre, després de les de S: $(\sum U_j)^* = |R|$.

Aplicat a l'Exemple 1, l'algorisme passa a R la feina 7 (2ª en l'ordre EDD) en la primera iteració i la feina 8 en la segona i darrera iteració. La seqüència que resulta és 5-1-3-4-2-9-6-7-8 (o bé 5-1-3-4-2-9-6-8-7: les feines 7 i 8 s'acaben amb retard tant en una solució com en l'altra).

2.1.5. $1 | s_{jk} | C_{max}$

Com s'ha comentat abans, els temps de preparació independents del temps i de la seqüència es poden tenir en compte incorporant-los al temps de processament (és a dir, considerant com a temps de processament la suma del temps de processament pròpiament dit i el temps de preparació). Però això no és possible si, com en el problema que es considera en aquest punt, els temps de preparació depenen de la seqüència, cosa que pot succeir a la pràctica (canvis d'eines, de matrius, de colors, de sabors). De tota manera, si el temps de preparació s_{jk}, el que cal des que acaba j fins que pot començar k, és la suma d'un temps que depèn només de j i d'un altre que depèn només de k, aquests temps, segons quines siguin les condicions d'inici i de final, es poden sumar als de processament i no cal tractar el problema com a $1 | s_{jk} | C_{max}$ perquè es redueix a un $1 || C_{max}$. Això succeeix en molts casos reals (per exemple, si hem de processar amb una premsa un conjunt de feines, els temps de preparació inclouran el temps de desmuntatge d'una matriu i el de muntatge de l'altre); ara bé, si hi ha famílies de feines –en aquest cas, conjunts de feines que es processen amb la mateixa matriu– el temps de preparació no es pot reduir a la suma dels de desmuntatge i muntatge, perquè aquestes operacions només s'han de fer quan hi ha un canvi de família.

Es pot donar el cas que $s_{jk} = s_{kj}\ \forall j, k$, però és més habitual el cas contrari, és a dir aquell en què els valors dels temps de canvi no són simètrics.

C_{max} és, en aquest problema, la suma dels temps de processament, que és independent de la seqüència, i dels temps de canvi. Per tant, s'ha d'optimitzar la suma dels temps de canvi. Si considerem un graf en què els vèrtexs són les feines i els valors associats als arcs (j, k) són les s_{jk}, la qüestió és trobar un camí hamiltonià (és a dir, que passi una vegada i una sola per cada vèrtex) de cost mínim en aquest graf. Aquest problema és gairebé idèntic al TSP (*Travelling Salesman* –o *Salesperson*– *Problem*), que consisteix a trobar un circuit hamiltonià de cost mínim en un graf. El TSP és teòricament difícil, però hi ha algorismes exactes i heurístics que permeten resoldre'l satisfactòriament sempre que el nombre de vèrtexs no sigui molt gran. Si s'ha de processar reiteradament (cada dia, per exemple) un mateix conjunt de feines, el problema coincideix totalment amb el TSP, ja que l'última feina d'un dia és seguida per la primera feina de l'endemà i, per tant, es pot associar a cada seqüència un circuit hamiltonià en el graf. Altrament, s'ha de tenir en compte l'estat inicial de la màquina i l'estat final que es desitja i incorporar al graf un vèrtex corresponent a l'estat inicial i un altre a l'estat final, amb un arc de cost zero que vagi de l'estat final a l'estat inicial, amb la qual cosa tornem a tenir un TSP[9].

2.1.6. Problemes amb *brkdown*

Recordeu que els problemes amb *breakdown* són aquells en què la màquina o les màquines no estan sempre disponibles. Tot i que la paraula significa avaria o fallada, la causa de la manca de disponibilitat pot ser una altra, com ara una revisió programada. A la pràctica és molt freqüent que en el moment de programar les operacions d'unes feines determinades en un conjunt de màquines, aquestes tinguin associats intervals de temps en què no estan disponibles, com a conseqüència de l'assignació d'operacions en una programació anterior; per a aquesta situació els resultats teòrics disponibles són molt escassos.

En el cas d'una màquina, quan hi ha intervals d'indisponiblitat aquests s'alternen amb els de disponibilitat. Uns i altres poden ser deterministes o aleatoris i, en aquest darrer cas, poden seguir lleis diverses.

Si suposem que la màquina és multiproducte (concretament, que pot dedicar la seva capacitat, en qualsevol instant, simultàniament, a l'obtenció de diversos productes), tenim una família de problemes (segons el caràcter determinista o aleatori dels intervals de disponibilitat i d'indisponiblitat) en què es tracta de determinar quin ús s'ha de fer, al llarg del temps, de la capacitat de la màquina. Difícilment trobarem una màquina, en sentit estricte, amb les característiques descrites, però recordeu que aquí entenem per *màquina* un recurs necessari per processar uns elements que denominem feines i que, per tant, una *màquina* pot ser tota una planta industrial que en molts casos es pot gestionar, si més no aproximadament, com allò que hem descrit com una màquina multiproducte.

El cas que hi ha un període de disponibilitat determinista seguit d'un període d'indisponiblitat també determinista es dóna sovint a la pràctica, en sistemes productius que funcionen uns mesos de l'any i deixen de produir per vacances o per manteniment periòdic programat. Si hi ha demanda durant tot l'any, en l'interval actiu s'ha de produir per cobrir la demanda de l'interval actiu i acumular

---

[9] Cfr. Lawler *et al.* (1985) i https://en.wikipedia.org/wiki/Travelling_salesman_problem

estoc per satisfer la demanda de l'interval inactiu. A Corominas i Pastor (2009) es considera un sistema multiproducte d'aquestes característiques, amb demandes deterministes (sense cap condició sobre llur evolució al llarg de l'any) i amb capacitat suficient, que pot dependre del temps, per satisfer les demandes en cada moment, en l'interval actiu, i per acumular els estocs que han d'estar disponibles a l'inici de l'interval inactiu per poder satisfer les demandes durant aquest interval. S'hi demostra que el cost òptim de possessió dels estocs s'obté amb una regla de prioritat molt senzilla: la capacitat que sobra (és a dir, deduïda la necessària per atendre la demanda en cada instant) es dedica a un sol producte en cada moment, fins a assolir-ne l'estoc necessari, i de manera que l'ordre en què s'obtenen aquests estocs és el no-decreixent dels costos unitaris de possessió, considerant com a unitat de cada un dels productes la quantitat que es pot obtenir amb un temps i una capacitat donades.

2.1.7. $1 || |E|, 1 | w_j | \sum_{j \in E} w_j$

Tot i que aquest problema presenta poc interès pràctic, perquè és difícil trobar un motiu per adoptar com a funció objectiu $|E|$, l'hem inclòs perquè permet il·lustrar com es pot resoldre un problema nou i aparentment difícil assimilant-lo a un altre de conegut i fàcil de resoldre.

Recordem que $|E|$ es el nombre de feines tals que $C_j = d_j$. I també que $[j]$ denota la posició j-enèsima o la feina que ocupa aquesta posició en la seqüència.

Considerem la seqüència que formen les feines del conjunt E i dues feines que ocupin posicions consecutives, h i $h + 1$, en aquesta seqüència. Es compleix que

$$d_{[h]} + p_{[h+1]} \leq d_{[h+1]} \tag{1}$$

i, per tant, $d_{[h]} \leq d_{[h+1]}$; és a dir aquesta seqüència respecta EDD i una feina només pot ser la següent d'una altra a la seqüència si es compleix la condició (1).

Aleshores, considerem un graf en què hi ha n vèrtexs que corresponen a les feines, en ordre EDD, i 2 vèrtexs addicionals, α i ω (entrada i sortida del graf). Hi ha arcs des de α a tots els altres vèrtexs i des de cada vèrtex corresponent a una feina j hi ha arcs a ω i a totes les altres feines que, amb relació a j, compleixen la condició (1); des de ω no surten arcs. El valor dels arcs que tenen com a vèrtex destinació el corresponent a un feina

j és w_j; el dels arcs que tenen com a destinació ω, 0. Per resoldre el problema només cal trobar el camí màxim de α a ω (òbviament, $1 \,||\, |E|$ és el cas particular $w_j = 1$); les feines que constitueixen el conjunt E són les corresponents als vèrtexs pels quals passa el camí màxim.

Tornem a l'Exemple 1 (Taula 1) i comencem per resoldre el problema $1 \,||\, |E|$. Les feines 7 i 8 s'han d'excloure perquè $p_7 = 65 > d_7 = 40$ i $p_8 = 88 > d_8 = 87$, per la qual cosa no es poden acabar *just-in-time* ni començant-les a $t = 0$. L'ordre EDD de les feines restants és 5-1-3-4-2-9-6. La Taula 3 inclou la representació matricial del graf (recordem que l'arc i-j existeix només si $d_i + p_j \leq d_j$) i el càlcul del camí màxim. Com es desprèn de la taula, el camí màxim és α -5-1-3-2-6-ω i el valor òptim, 5.

El calendari que resulta és (entre parèntesis, inici i final de cada feina):

5(4-9)-1(88-153)-3(247-268)-2(271-305)-6(410-491)

Quant al problema $1|w_j|\sum_{j \in E} w_j$ per al mateix Exemple 1, la Taula 4 inclou la representació matricial del graf i el càlcul del camí màxim.

El camí òptim és el mateix que per a $1 \,||\, |E|$, és a dir, α -5-1-3-2-6-ω; el valor òptim, 245 (68+50+68+26+33).

De↓ A→	**5**	**1**	**3**	**4**	**2**	**9**	**6**	ω	**Valor**	**Prec**
α	1	1	1	1	1	1	1	0	0	-
5	–	1	1	1	1	1	1	0	1	α
1	–	–	1	1	1	1	1	0	2	5
3	–	–	–	–	1	–	1	0	3	1
4	–	–	–	–	–	–	1	0	3	1
2	–	–	–	–	–	–	1	0	4	3
9	–	–	–	–	–	–	1	0	3	1
6	–	–	–	–	–		–	0	5	2
ω	–	–	–	–	–		–	–	5	6

Taula 3. Resolució de $1 \,||\, |E|$ *per a l'Exemple 1.*

De↓ A→	**5**	**1**	**3**	**4**	**2**	**9**	**6**	ω	**Valor**	**Prec**
α	68	50	68	65	26	69	33	0	0	-
5	–	50	68	65	26	69	33	0	68	α
1	–	–	68	65	26	69	33	0	118	5
3	–	–	–	–	26	–	33	0	186	1
4	–	–	–	–	–	–	33	0	183	1
2	–	–	–	–	–	–	33	0	212	3
9	–	–	–	–	–	–	33	0	187	1
6	–	–	–	–	–		–	0	245	2
ω	–	–	–	–	–		–	–	245	6

Taula 4. Solució de $1|w_j|\sum_{j\in E} w_j$ *per a l'Exemple 1.*

2.2. Problemes amb 1 màquina: semidinàmics

El fet que alguna o algunes r_j siguin > 0 complica les coses molt més del que potser sembla a primera vista. Fins i tot es pot donar el cas, si no hi ha possibilitat de preempció, que una solució òptima tingui temps morts encara que hi hagi feines disponibles per a ser processades (perquè valgui més tenir la màquina disponible per a una feina a punt d'arribar i amb una data compromesa propera que ocupar-la amb feines disponibles no urgents, és a dir, amb dates compromeses relativament llunyanes). De fet, per als problemes semidinàmics, fins i tot d'una sola màquina, no es disposa d'algorismes exactes senzills.

2.2.1. $1|r_j|L_{\max}$, $1|r_j|T_{\max}$

Per a aquest problema s'obtenen generalment bons resultats amb un procediment heurístic que és bàsicament una adaptació de la regla EDD. Es tracta de programar iterativament el treball disponible que tingui la menor data compromesa; la decisió es planteja per a cada un dels instants en què la màquina queda disponible (és a dir, cada vegada que completa una feina): si hi ha feines disponibles es fa la selecció segons la regla indicada; altrament, la feina que entra a la màquina és la primera que esdevé disponible (i, si hi ha empat, la de menor data compromesa).

Aplicarem l'algorisme a l'Exemple 2 (Taula 5) en què tenim els mateixos temps de processament i les mateixes dates compromeses que en l'Exemple 1 i, a més, dates de disponibilitat positives.

A la Taula 6 es pot veure el procés d'aplicació de l'algorisme. La solució no és gaire bona. És evident que val més esperar a l'instant 6 i començar amb la feina 5 i seguir després amb 7, 8 i 1, amb retards respectivament iguals a 2, 25, 77 i 76; aleshores les feines 4, 3, 2, 9 i 6 es completarien 3 unitats de temps més tard que a la solució de la Taula 5, però el $T_{\max}$ seria 77 i no 139.

La mateixa idea d'aquest algorisme es pot aplicar a un problema diferent: la minimització de $C_{\max}$ quan la data de compleció d'una feina, C_j, no és aquella en què la màquina acaba de processar-la (la notarem en aquest cas C_j'), perquè per acabar-la ha de transcórrer un temps addicional, τ_j (per exemple, perquè s'ha d'assecar una pintura o una cola); és com si cada feina requerís dues operacions: una primera que s'ha de fer en una màquina única i una altra, posterior, per a la qual es disposa de tantes màquines com calgui perquè les feines, quan surten de

j	1	2	3	4	5	6	7	8	9
r_j	3	7	156	161	6	78	9	56	223
p_j	65	34	21	30	5	81	65	88	67
d_j	153	305	268	284	9	491	40	87	334

Taula 5. Exemple 2.

t	0→3	68	73	138	226	256	277	311	378
Disponibles	1	2,5,7,8	2,7,8	2,6,8	2,3,4,6,9	2,3,6,9	2,6,9	6,9	6
j	1	5	7	8	4	3	2	9	6
C_j	68	73	138	226	256	277	311	378	459
$L_j = C_j - d_j$	–85	64	98	139	-28	9	6	44	-32
$T_j = \max(L_j, 0)$	0	64	98	**139**	0	9	6	44	0

Taula 6. Resolució de $1 \mid r_j \mid L_{max} \mid$, $1 \mid r_j \mid T_{max} \mid$ *per a l'Exemple 2;* $T_{max} = 139$.

la màquina única, no hagin d'esperar per a la segona operació. Així com en el $1 \mid r_j \mid T_{max} \mid$ és raonable donar prioritat a les feines més urgents, en aquest cas ho és donar-la a les que tenen les majors τ_j. La Taula 7 conté les dades d'un exemplar d'aquest problema, l'Exemple 3 (en el qual hem adoptat per a les τ_j els mateixos valors que tenen les d_j a l'Exemple 2); la Taula 8 mostra l'aplicació de l'algorisme i el resultat obtingut.

El valor de l'expressió $\max_j(r_j + p_j + \tau_j)$ és una fita inferior[10] del valor òptim de C_{max}. En aquest cas la fita és igual a 650 i correspon a $j = 6$. Aquest valor es pot obtenir si després de processar la feina 1 es deixa un temps mort de 10 unitats de temps i es passa la feina 6 a la segona posició; els valors de les altres C_j augmenten, però cap no passa del valor 650, per la qual cosa la solució que així queda configurada és òptima (n'hi ha d'altres, perquè hi ha diverses ordenacions de les feines situades en l'interval de posicions 3-9 que donen el mateix valor de C_{max}).

j	**1**	**2**	**3**	**4**	**5**	**6**	**7**	**8**	**9**
r_j	3	7	156	161	6	78	9	56	223
p_j	65	34	21	30	5	81	65	88	67
τ_j	153	305	268	284	9	491	40	87	334

Taula 7. Exemple 3.

t	0→3	68	102	183	213	234	301	389	454
Disponibles	1	2,5,7,8	5,6,7,8	3,4,5,7,8	3,5,7,8	5,7,8,9	5,7,8	5,7	5
j (major τ_j)	1	2	6	4	3	9	8	7	5
C_j'	68	102	183	213	234	301	389	454	459
$C_j = C_j' + \tau_j$	221	407	**674**	497	502	635	476	494	468

Taula 8. Resolució de l'Exemple 3; $C_{max} = 674$.

[10] Una fita inferior d'un valor desconegut a priori, x^* o d'un conjunt de valors, X, és un valor φ amb la propietat $\varphi \leq x^*$ o bé $\varphi \leq x \ \forall x \in X$.

2.2.2. Seqüenciació d'aterratges[11]: $1 \mid r_j, d_j, \bar{d}_j \mid \sum_{j=1}^{n} \text{sgn}\,(d_j - c_j) \cdot (d_j - c_j)^2$

En aquest problema les feines corresponen a avions que han d'aterrar i la màquina és la pista d'aterratge. Cada avió té associades les seves r_j, d_j, $\bar{d}_j$ (respectivament, instant de disponibilitat, instant programat per a l'aterratge i fita superior per a l'instant d'aterratge –la *deadline*–, que s'ha de respectar estrictament). El temps mínim que ha de transcórrer entre dos aterratges successius depèn de les característiques dels dos avions implicats i de l'ordre en què aterren: s_{jk}.

Per tant, es tracta d'un problema semidinàmic amb temps de preparació dependents de la seqüència.

El problema ha estat modelitzat a Beasley *et al.* (2001), fent ús d'unes variables reals $y_j (0 \leq y_j \leq 1)$ que defineixen l'instant d'aterratge $c_j = r_j + (\bar{d}_j - r_j) \cdot y_j$, que han de satisfer les condicions $c_k - c_j \geq s_{jk}$ i maximitzar la funció objectiu $\sum_{j=1}^{n} \text{sgn}\,(d_j - c_j) \cdot (d_j - c_j)^2$, que afavoreix els aterratges abans de l'horari programat i penalitza els retards.

2.3. Ús de la programació matemàtica

Actualment els models de programació lineal entera mixta es poden resoldre eficientment en molts casos fent ús de programari comercial i, per tant, aquests instruments s'han de considerar com una primera opció quan no es disposa d'algorismes exactes específics eficients per resoldre el problema de què es tracti. No diem que aquesta via sigui eficient en tots els casos, sinó que ha de ser la que s'explori en primer lloc, ja que té l'avantatge de la flexibilitat en el tractament de restriccions i funcions objectius diverses i el temps necessari per elaborar, codificar i provar el model és breu en relació amb el que suposa dissenyar, programar i provar un algorisme específic (i, per tant, probablement més rígid).

Hi ha diverses maneres de modelitzar com a programes lineals enters mixtos els problemes de *scheduling* (cfr. Keha *et al.*, 2009), però una discussió detallada al respecte queda fora de l'abast d'aquest text.

---

[11] sgn és una funció que val +1, 0 o –1 segons si l'argument és, respectivament, positiu, nul o negatiu.

Aquí adoptem la modelització basada en variables binàries x_{jh}, iguals a 1 si i només si la feina j ocupa la posició h en la seqüència. A més, es necessiten variables corresponents als instants d'inici del processament de les feines (o als instants de compleció) i potser d'altres, segons el problema de què es tracti.

L'exemple que s'exposa a la Figura 3 correspon a un problema semidinàmic de minimització d'una suma ponderada dels avançaments i els retards[12].

Problema:

$$1 \mid r_j \mid \sum_{h=1}^{n} [(1-\lambda) \cdot E_h + \lambda \cdot T_h]$$

Dades:

n		Nombre de feines
r_j	$j = 1, ..., n$	Dates de disponibilitat
p_j	$j = 1, ..., n$	Temps de processament
d_j	$j = 1, ..., n$	Dates compromeses

Paràmetre:

λ Paràmetre per a la ponderació dels avançaments i dels retards

Variables:

$x_{jh} \in \{0,1\}$	$j,h = 1, ..., n$	= 1 si i només si la feina j ocupa la posició h
$e_h \geq 0$	$h = 1, ..., n$	data d'inici de la feina que ocupa la posició h
$E_h, T_h \geq 0$	$h = 1, ..., n$	avançament i retard, respectivament, de la feina que ocupa la posició h

Les variables e_h, E_h, T_h es poden definir com a enteres no negatives si, com se sol assumir, totes les dades són enteres.

Continua

---

[12] A Kooli i Serairi (2014) es proposa, per minimitzar $\sum C_j$, un model molt similar al de la Figura 2 (la diferència, a més de la funció objectiu, és que les variables són els instants de compleció de les feines i no els d'inici, però aquesta diferencia no és substancial, perquè és immediat passar d'una opció a l'altra).

Continuació

Model:

$$[MIN]z = \sum_{h=1}^{n} \left[(1-\lambda) \cdot E_h + \lambda \cdot T_h \right] \qquad (2)$$

s. a

$$\sum_{h=1}^{n} x_{jh} = 1 \qquad j = 1, \ldots, n \qquad (3)$$

$$\sum_{j=1}^{n} x_{jh} = 1 \qquad h = 1, \ldots, n \qquad (4)$$

$$e_h \geq \sum_{j=1}^{n} r_j \cdot x_{jh} \qquad h = 1, \ldots, n \qquad (5)$$

$$e_h \geq e_{h-1} + \sum_{j=1}^{n} p_j \cdot x_{j,h-1} \qquad h = 2, \ldots, n \qquad (6)$$

$$e_h + \sum_{j=1}^{n} p_j \cdot x_{jh} = \sum_{j=1}^{n} d_j \cdot x_{jh} + T_h - E_h \qquad h = 1, \ldots, n \qquad (7)$$

Figura 3. Model per a un problema semidinàmic de minimització d'una suma ponderada dels avançaments i els retards.

La funció objectiu a minimitzar, (2), és la suma ponderada d'avançaments i de retards. Les restriccions (3) imposen que cada feina vagi a una i només una posició de la seqüència; (4), que a cada posició de la seqüència hi vagi una feina i només una; (5), que l'instant d'inici d'una feina no és inferior a la seva data de disponibilitat; (6), que l'instant d'inici de la feina que ocupa una posició determinada a la seqüència no pot ser inferior a l'instant de compleció de la feina que la precedeix immediatament; (6), finalment, relaciona la data compromesa de la feina que ocupa una posició determinada a la seqüència amb la seva data de compleció, mitjançant la introducció de l'avançament i el retard.

A partir d'aquest model se'n pot formular d'altres amb diferents funcions objectius, com ara $\sum_{h=1}^{n} C_h$, $C_{\max}$ (en aquest cas caldria suprimir (7) i les variables E_h, T_h i afegir restriccions: $C_{\max} \geq C_h$ $h = 1, ..., n$), o bé $T_{\max}$ (en aquest cas caldria afegir les restriccions: $T_{\max} \geq T_h$ $h = 1, ..., n$). En canvi, la introducció de pesos w_j complica molt la formulació.

El model, amb diferents funcions objectiu, s'ha provat per a diversos jocs de dades generats d'acord amb Keha *et al.*, 2009 i variant el paràmetre λ entre 0 i 100 (0, 20, 40, 60, 80 i 100); el temps de càlcul s'ha limitat a 1000 segons per a cada exemplar[13]. Els resultats es resumeixen a la Taula 9 (si v és el valor de la funció objectiu de la solució obtinguda i f el de la millor fita disponible –inferior, per al cas de minimització–, GAP és igual a $100\,(v-f)/v$; per tant és la màxima diferència, relativa al valor obtingut, que hi pot haver entre aquest i el valor òptim). En el cas de la primera funció objectiu, cal dir que per a $n > 20$ el temps límit

Funció objectiu	***n***	**Temps mitjà (s)**	**GAP mitjà (%)**
$\sum_{h=1}^{n}\left[(1-\lambda)\cdot E_h+\lambda\cdot T_h\right]$	20	78	0,48
	60	758	38,6
	80	786	43,52
	100	802	47,77
$\sum_{h=1}^{n} C_h$	20	2	0
	60	960	1,16
	80	1000	2,04
	100	1000	2,5
$C_{\max}$	20	0,10	0
	60	2	0
	80	5	0
	100	13	0
$T_{\max}$	20	10	0
	60	407	23,94
	80	623	46,94
	100	789	57,39

Taula 9. Resultats dels experiments amb els models per a un problema semidinàmic amb diferents funcions objectiu.

[13] Per a la resolució dels models de programació matemàtica que figuren en aquest text s'ha emprat el software IBM ILOG CPLEX Optimization Studio, versió 12.6, en un PC Intel Core 3.33GHz amb 4 GB de RAM i amb Windows-7 (64 bits).

s'assoleix en tots els casos en què λ és més gran que 0 (és a dir, quan es tenen en compte els retards). De fet, a mesura que λ creix (es dóna més pes als retards) els resultats empitjoren. Per als casos en què es minimitza la suma dels temps de compleció o C_{max} els resultats són molt bons (fins i tot en els casos que s'arriba al temps màxim, les solucions, si no són òptimes, n'estan molt a prop). Finalment, en el cas que es minimitzi T_{max} els resultats només es poden considerar del tot satisfactoris per a exemplars de dimensions petites.

2.4. Seqüències regulars en una màquina

En els problemes de seqüències regulars (*fair sequences*) es tracta de determinar una seqüència de processament tan regular com sigui possible de Q unitats de n tipus diferents, de les quals n'hi ha q_j de cada tipus (amb $\sum_{j=1}^{n} q_j = Q$). En general, cada unitat de cada tipus j requereix un temps determinat d'un dels recursos de la família de recursos que poden processar les unitats de tipus j (el supòsit més habitual és que hi ha un sol recurs que ha de processar les unitats de tots els tipus –per això aquest punt 2.4 s'inclou en el capítol que es refereix a problemes amb $m = 1$– i que el temps per a processar-les és el mateix per a totes elles). Es considera que la seqüència és única o bé que es repeteix cíclicament.

La regularitat es pot definir de moltes maneres (regularitat en el consum de components associat al processament de les unitats; desviacions en relació amb valors ideals, en cada moment, del nombre acumulat d'unitats processades de cada tipus; desviacions en relació amb dates compromeses; regularitat en la separació entre unitats consecutives del mateix tipus; compliment de restriccions de fita inferior i de fita superior de la separació entre unitats consecutives del mateix tipus). Donat un indicador de regularitat, l'objectiu pot ser la minimització d'un valor agregat, per a tota la seqüència, o la minimització del valor màxim. Per tant, els problemes de seqüències regulars ofereixen una gran varietat i presenten dificultats conceptuals i algorísmiques.

Curiosament, alguns problemes d'aquest tipus són formalment anàlegs o idèntics al problema de repartiment proporcional (*apportionment problem*) que té l'origen en el problema de repartir entre circumscripcions els escons d'una cambra de representants (la dels Estats Units, en independitzar-se d'Anglaterra).

Si deixem de banda la literatura sobre el problema de repartiment proporcional, que es remunta, més o menys formalitzada, a finals del segle XVIII, les publicacions sobre les seqüències regulars s'inicien en la dècada dels 80 del segle passat i han arribat a ser i segueixen sent força nombroses. Tanmateix, el tema de les seqüències regulars no s'ha incorporat en els textos generals sobre *scheduling* (a Pinedo, 2012, no s'hi fa referència). Tenint en compte aquesta diguem-ne tradició i el fet que tractar-lo amb un nivell de detall similar als dels altres problemes abordats en aquest text requeriria una extensió considerable, hem decidit que aquí no anem més enllà de la succinta presentació precedent.

Capítol 3

PROBLEMES AMB MÀQUINES EN PARAL·LEL

Recordem que en aquests problemes totes les feines comprenen una sola operació i cada operació es pot dur a terme en qualsevol de les *m* màquines (o bé, tot i que aquest supòsit és infreqüent i no ens hi tornarem a referir, cada operació té associat un subconjunt de màquines en què es pot fer).

Com que les operacions es poden fer en qualsevol màquina, sembla, diguem-ne, natural, considerar la possibilitat que cada feina sigui processada, en diferents intervals de temps, per diverses màquines. D'aquesta possibilitat de fer una part d'una feina en una màquina, interrompre-la i passar-la a una altra, seguidament o intercalant un temps d'espera, se'n diu preempció. Els supòsits habituals són que la preempció no implica temps de processament addicional i que el pas de la feina d'una màquina a una altra, tant si és directe com si es fa a través d'un magatzem intermedi, es pot fer en el moment que cal i no implica temps de descàrrega ni de preparació. És evident que aquests darrers supòsits només es poden considerar realistes en casos molt especials, un dels quals és possiblement aquell en què les màquines són CPUs i les feines, programes informàtics.

Tenint en compte això, dividirem la presentació d'aquests tipus de problemes en dos blocs, és a saber, problemes sense preempció i problemes amb preempció. D'una altra banda, considerarem únicament les funcions objectiu $\sum C_j$ i C_{max}.

3.1. Problemes sense preempció

Aquests problemes tendeixen a ser fàcils per a $\sum C_j$ i difícils per a C_{max}.

3.1.1. $Pm || \sum C_j$

Recordem que P significa aquí màquines idèntiques en paral·lel.

Per resoldre'l només cal ordenar les feines d'acord amb la regla SPT (*Shortest Processing Time*) i assignar-les per aquest ordre a les màquines, successivament i rotativament (recordeu que $1 || \sum C_j$, que es pot veure com un cas particular del que estem considerant, es resol precisament amb la regla SPT). La demostració s'ha inclòs a l'Annex (Demostració 4). La Figura 4 mostra un exemple d'aquest problema i la solució òptima corresponent.

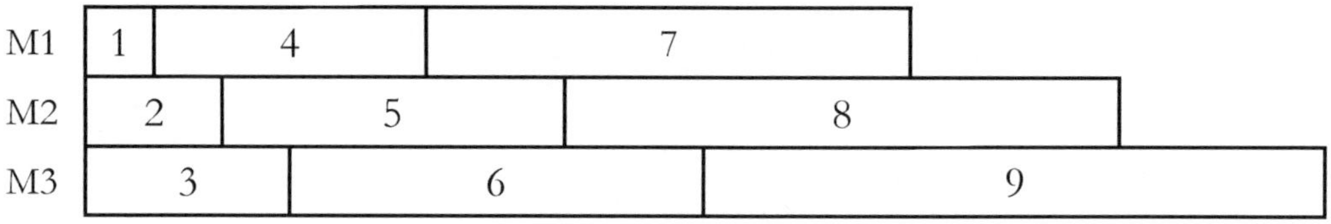

Figura 4. $P3 || \sum C_j$; $n = 9$; $p_j = j (j = 1, \ldots, n)$; $\sum C_j = 72$.

3.1.2. $Rm || \sum C_j$

No tractem el cas $Qm || \sum C_j$, ja que el procediment per optimitzar $Rm || \sum C_j$ també se li pot aplicar.

En el problema $Rm || \sum C_j$ es pot donar el cas que a la solució òptima totes les feines siguin assignades a la mateixa màquina (si totes les altres són extremadament lentes). Per tant, a priori hem de considerar n posicions per a cada màquina i es tracta de determinar quines feines s'han d'assignar a cada màquina i en quin ordre s'hi han de processar.

Com s'ha vist a la demostració del cas anterior, si una feina es programa en la posició h-èsima, començant pel final, el seu temps de processament comptarà h

vegades. Es tracta, per tant d'assignar cada una de les n feines en una de les $m \cdot n$ posicions disponibles, amb la condició que en cada posició no hi pot anar més d'una feina; l'assignació de la feina j a la posició $n - h + 1$ (és a dir, a la posició h comptada des del final) de la màquina i té associat un cost $h \cdot p_{ij}$. Aquest problema és el d'acoblament bipartit ponderat (*weighted bipartite matching problem*), que es pot reduir a un problema d'afectació (*assignment problem*) i resoldre'l aleshores amb algorismes polinomials [14]. Així mateix, pot plantejar-se com un programa matemàtic lineal amb variables binàries (Figura 5: les restriccions (9) imposen que a cada posició no hi pot anar més d'un feina i les (10), que cada feina ha d'anar a una posició i només una).

Per l'estructura especial de la matriu de coeficients d'aquest programa lineal binari la resolució de la seva relaxació lineal[15] proporciona una solució òptima entera. Aquesta propietat permet resoldre de manera eficient el model per a valors grans (des del punt de vista industrial) de m i n.

La Taula 10 conté les dades d'un exemple de petites dimensions (Pinedo, 2012). La solució òptima es representa a la Figura 6, on es pot veure que la màquina 2, una vegada ha completat el processament de la feina 3, resta ociosa, tot i que podria començar a processar la feina 2, ja que, en relació amb aquesta feina, la màquina 1 és més eficient i és millor esperar que acabi de processar la feina 1.

$i\downarrow, j\rightarrow$	**1**	**2**	**3**
1	4	5	3
2	8	9	3

Taula 10. Exemple 4: temps de processament p_{ij}.

[14] Programes per resoldre'l, corresponents als algorismes de Jonker i Volgenant per a matrius denses i matrius esparses a http://www.assignmentproblems.com/LAPJV.htm

[15] Donat un PLEM (programa lineal enter mixt: programa matemàtic amb funció objectiu i restriccions lineals, amb una o més variables enteres), la seva relaxació lineal és el programa lineal que s'obté en eliminar del PLEM les condicions d'integritat de les variables.

Problema:

$Rm||\sum C_j$

Dades:

m	Nombre de màquines
n	Nombre de feines
p_{ij} $i = 1, ..., m$; $j = 1, ..., n$	Temps de processament de la feina j a la màquina i

Variables:

$x_{ijh} \in \{0,1\}$ $i = 1, ..., m; j,h = 1, ..., n$	=1 si i només si la feina j ocupa la posició h, començant pel final $(n - h + 1)$, de la màquina i

Model:

$$[\text{MIN}]z = \sum_{i=1}^{m} \sum_{j=1}^{n} \sum_{h=1}^{n} h \cdot p_{ij} \cdot x_{ijh} \quad (8)$$

s. a

$$\sum_{j=1}^{n} x_{ijh} \leq 1 \qquad i = 1,\ldots,m; h = 1,\ldots,n \quad (9)$$

$$\sum_{i=1}^{m} \sum_{h=1}^{n} x_{ijh} = 1 \qquad j = 1,\ldots,n \quad (10)$$

Figura 5. Un model de programació lineal binària per al $Rm||\sum C_j$.

t	**1**	**2**	**3**	**4**	**5**	**6**	**7**	**8**	**9**
$i = 1$	1	1	1	1	2	2	2	2	2
$i = 2$	3	3	3						

Figura 6. Diagrama de Gantt de la solució òptima de l'Exemple 4.

S'ha provat el model per a diversos jocs de dades (generant, per a cada valor de n i de m, 10 exemplars amb diferents temps de procés d'acord amb una distribució uniforme entera entre 1 i 100) i en tots els casos s'ha obtingut la solució òptima en pocs segons (per exemple, per a 200 feines i 20 màquines el temps mitjà ha estat de 27 segons).

3.1.3. $Pm \,||\, C_{\max}$

Com acabem de veure, els problemes sense preempció amb la funció objectiu $\sum C_j$ resulten fàcils de resoldre. En canvi, amb la funció objectiu $C_{\max}$ són difícils. Fins i tot el cas més senzill, $P2 \,||\, C_{\max}$, és NP-difícil[16] en sentit ordinari (és fàcil veure que és equivalent al problema PARTICIÓ[17]).

Tanmateix, per al problema $Pm \,||\, C_{\max}$ es possible obtenir solucions de bona qualitat amb heurístiques molt ràpides i fins i tot, en molts casos, obtenir en temps raonables solucions òptimes mitjançant models de programació matemàtica, vàlids també per a $Rm \,||\, C_{\max}$.

Les heurístiques que descriurem a continuació es basen en la idea que si tenim les feines en un ordre determinat sembla raonable assignar-les, successivament, a la màquina menys carregada (naturalment, sense deixar temps morts). Si l'ordre és qualsevol, l'algorisme es denomina LS (*list scheduling*) i el valor del $C_{\max}$ obtingut amb LS i el valor òptim satisfan, per a tots els exemplars del problema, la relació:

$$\frac{C_{\max}(LS)}{C^*_{\max}} \leq 2 - \frac{1}{m}$$

El casos pitjors, per a LS, es caracteritzen com segueix:

$$n = (m-1)\cdot m + 1;\ p_j = 1 \quad j = 1,\ldots,n-1;\ p_n = m$$

Per a $m = 3$ (Exemple 5) la solució que proporciona LS es representa a la Figura 7.

---

[16] https://en.wikipedia.org/wiki/NP-hardness i https://en.wikipedia.org/wiki/Strong_NP-completeness

[17] https://en.wikipedia.org/wiki/Partition_problem

t	**1**	**2**	**3**	**4**	**5**
$i = 1$	1	4	7	7	7
$i = 2$	2	5			
$i = 3$	3	6			

Figura 7. Diagrama de Gantt de la solució de l'Exemple 5 obtinguda amb LS (C_{max} = 5).

t	**1**	**2**	**3**
$i = 1$	1	3	5
$i = 2$	2	4	6
$i = 3$	7	7	7

Figura 8. Diagrama de Gantt d'una solució òptima de l'Exemple 5 (C_{max} = 3).

La solució que es representa a la Figura 8 és òptima (amb 3 màquines iguals no és possible processar unes feines amb un temps total de processament igual a 9 en menys de 3 unitats de temps).

Es compleix:

$$\frac{C_{\max}(LS)}{C^*_{\max}} = \frac{5}{3} = 2 - \frac{1}{3}$$

A costa d'ordenar les feines de més a menys temps de processament es pot obtenir una millor relació garantida entre el $C_{\max}$ proporcionat per l'algorisme (que aleshores es denomina LPT: *Longest Processing Time*) i el valor òptim:

$$\frac{C_{\max}(LPT)}{C^*_{\max}} \leq \frac{4}{3} - \frac{1}{m}$$

En l'Exemple 5, LPT obté la solució òptima. Els casos pitjors per a LPT es caracteritzen per:

$$n = 2 \cdot m + 1;\ p_j = 2 \cdot m - \left\lceil \frac{j}{2} \right\rceil\ j = 1, \ldots, n-1;\ p_n = m$$

t	**1**	**2**	**3**	**4**	**5**	**6**	**7**	**8**	**9**	**10**	**11**	**12**	**13**	**14**	**15**
$i = 1$	1	1	1	1	1	1	1	7	7	7	7	9	9	9	9
$i = 2$	2	2	2	2	2	2	2	8	8	8	8				
$i = 3$	3	3	3	3	3	3	5	5	5	5	5				
$i = 4$	4	4	4	4	4	4	6	6	6	6	6				

Figura 9. Diagrama de Gantt de la solució de l'Exemple 6 obtinguda amb LPT (C_{max} = 15).

t	**1**	**2**	**3**	**4**	**5**	**6**	**7**	**8**	**9**	**10**	**11**	**12**
$i = 1$	1	1	1	1	1	1	1	5	5	5	5	5
$i = 2$	2	2	2	2	2	2	2	6	6	6	6	6
$i = 3$	3	3	3	3	3	3	4	4	4	4	4	4
$i = 4$	7	7	7	7	8	8	8	8	9	9	9	9

Figura 10. Diagrama de Gantt d'una solució òptima de l'Exemple 6 (C_{max} = 12).

Per a $m = 4$ (Exemple 6) la solució que proporciona LPT es representa a la Figura 9.

La solució que es representa a la Figura 10 és òptima (amb 4 màquines iguals no és possible processar uns feines amb un temps total de processament igual a 48 en menys de 12 unitats de temps).

Observeu que aquesta solució òptima s'obtindria amb LS si la permutació de feines fos 1-2-3-7-8-4-5-6-9, que no respon a cap regla senzilla per ordenar-les.

Es compleix:

$$\frac{C_{\max}(LPT)}{C^*_{\max}} = \frac{15}{12} = \frac{4}{3} - \frac{1}{3 \cdot 4}$$

Així mateix, $Pm \| C_{\max}$ es pot resoldre amb un programa matemàtic lineal amb variables binàries com el de la Figura 11, que correspon al cas més general $Rm \| C_{\max}$[18].

---

[18] Per a models anàlegs de problemes de màquines en paral·lel sense preempció: Unlu i Mason (2010).

Les restriccions (12) imposen que cada feina s'ha d'assignar a una màquina i només una i les (13) que C_{max} no és inferior al temps total de cada màquina.

Tot i que no es pot garantir que la seva relaxació lineal tingui solució òptima entera, habitualment aquest model es resol sense dificultats amb programari estàndard.

Problema:

$Pm || C_{max}$

Dades:

m	Nombre de màquines
n	Nombre de feines
p_{ij} $i = 1, ..., m$; $j = 1, ..., n$	Temps de processament de la feina j a la màquina i

Variables:

$x_{ij} \in \{0,1\}$ $i = 1, ..., m$; $j = 1, ..., n$	=1 si i només si la feina j s'assigna a la màquina i

$C_{max} \in \mathbb{Z}^*$

Model:

$$[MIN]\ z = C_{max} \tag{11}$$

s. a

$$\sum_{i=1}^{m} x_{ij} = 1 \qquad j = 1,...,n \tag{12}$$

$$\sum_{j=1}^{n} p_{ij} \cdot x_{ij} \leq C_{max} \qquad i = 1,...,m \tag{13}$$

Figura 11. Model de PLB per a $Pm || C_{max}$.

S'ha provat el model per a diversos jocs de dades (generant, per a cada valor de n i de m, 10 exemplars amb diferents temps de procés d'acord amb una distribució uniforme entera entre 1 i 100). Els resultats, que es mostren a la Taula 11, indiquen que el model proporciona quasi sempre una solució òptima en temps molt raonables, fins i tot per a exemplars de grans dimensions.

n	*m*	**Temps mitjà (s)**	**GAP mitjà (%)**
20	5	0,09	0
20	10	0,03	0
20	20	0,03	0
50	5	0,14	0
50	10	0,28	0
50	20	0,11	0
100	5	0,27	0
100	10	1,72	0
100	20	3,85	0
200	5	2,42	0
200	10	42	0
200	20	495,2	0,59
500	5	2,82	0
500	10	299,27	0,02
500	20	726,88	0,52

Taula 11. Resultats dels experiments amb el model de PLEM per al $Pm || C_{max}$.

3.1.4. $Pm | intree, p_j = 1 | C_{\max}$

Hi ha casos particulars dels problemes amb funció objectiu $C_{\max}$ i màquines idèntiques (P) que es poden resoldre òptimament amb algorismes polinomials.

Quan els temps de processament de totes les feines són iguals, el problema és trivial: l'ordre és indiferent i LS dóna una solució òptima. Si hi ha condicions addicionals, la resolució es complica, però en alguns casos es manté el caràcter polinomial del problema.

En el cas que es considera en aquest apartat, les precedències de tipus *intree* permeten classificar les feines en nivells: s'assigna el nivell 1 al vèrtex corresponent a la feina que no té cap successora i als altres vèrtexs se'ls assigna successivament el nivell del seu successor immediat incrementat en una unitat. Assignats els nivells, les feines s'ordenen de més a menys nivell i s'assignen a la primera màquina disponible, tot respectant les precedències.

L'aplicació d'aquest algorisme a l'Exemple 7 (Figura 12) s'il·lustra a la Taula 12 i la Figura 13.

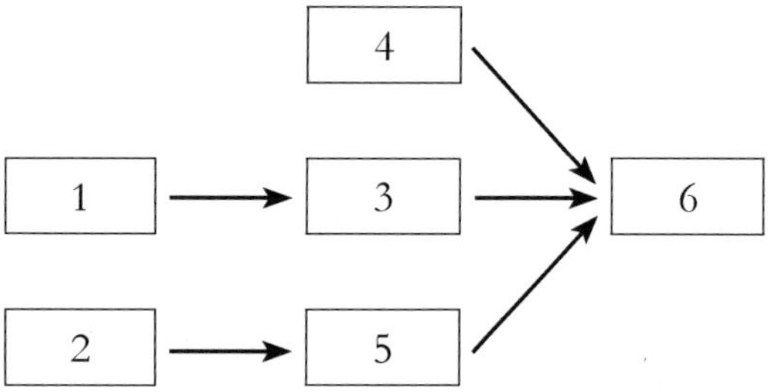

Figura 12. Exemple 7: precedències immediates.

Feina	1	2	3	4	5	6	Nivells		
1			x						3
2					x				3
3						x		2	2
4						x		2	2
5						x		2	2
6							1	1	1

Taula 12. Exemple 7: matriu de precedències immediates (el signe x en una casella indica que la feina de la fila precedeix immediatament la de la columna).

$i = 1$	1	3	5	6
$i = 2$	2	4		

Figura 13. Diagrama de Gantt d'una solució òptima de l'Exemple 7.

3.1.5. $P2 \mid prec, p_j = 1 \mid C_{\max}$

En aquest cas les precedències poden ser qualssevol, per la qual cosa la resolució és una mica més complicada, tot i que el nombre de màquines està fixat a 2. S'ha de definir un graf no orientat en què hi ha un vèrtex per a cada feina i hi ha aresta entre dos vèrtexs si entre les feines corresponents no hi ha relació de precedència. Aleshores es determina un acoblament (*matching*) de màxima cardinalitat en aquest graf i les feines de cada una de les parelles en l'acoblament, tot respectant les precedències, s'assignen cada una a una màquina diferent.

L'aplicació d'aquest algorisme s'il·lustra amb l'Exemple 8 (Figura 14), a les Taules 13, 13bis i 13ter i la Figura 15.

L'acoblament de màxima cardinalitat està format per les parelles (1,2), (3,4) i (5,6).

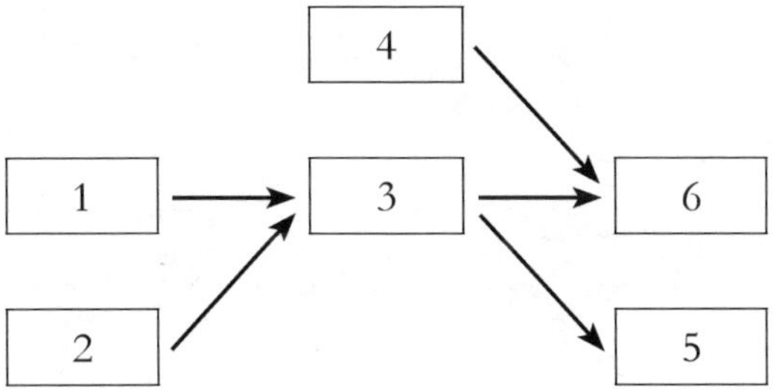

Figura 14. Exemple 8: precedències immediates.

Feina	**1**	**2**	**3**	**4**	**5**	**6**
1			x			
2			x			
3					x	x
4						x
5						
6						

Taula 13. Exemple 8: matriu de precedències immediates (el signe x en una casella indica que la feina de la fila precedeix immediatament la de la columna).

Feina	**1**	**2**	**3**	**4**	**5**	**6**
1			x		x	x
2			x		x	x
3					x	x
4						x
5						
6						

Taula 13bis. Exemple 8: precedències totals (el signe x en una casella indica que la feina de la fila precedeix, immediatament o no, la de la columna).

Feina	**1**	**2**	**3**	**4**	**5**	**6**
1		x		x		
2				x		
3				x		
4					x	
5						x
6						

Taula 13ter. Exemple 8: graf no orientat amb aresta entre dos vèrtexs si no hi ha relació de precedència entre ells (el signe x en una casella indica que hi ha aresta).

t	**1**	**2**	**3**
$i = 1$	1	3	5
$i = 2$	2	4	6

Figura 15. Diagrama de Gantt d'una solució òptima de l'Exemple 8.

3.2. Problemes amb preempció

Com s'ha dit a 1.4, preempció (*prmp*) vol dir que l'execució d'una operació es pot interrompre, de manera que la màquina que l'està executant pot passar a actuar sobre una altra feina i que la part pendent de l'operació interrompuda s'executa més tard en la mateixa màquina o bé en una altra, immediatament o més tard.

Els valors òptims de les funcions objectiu per als exemplars de problemes amb preempció són òbviament iguals o millors que les corresponents als mateixos exemplars en els problemes anàlegs sense preempció. En alguns problemes, tanmateix, la possibilitat de preempció no implica cap avantatge (Brucker *et al.*, 2003).

En relació amb la preempció, s'ha de tenir en compte que, llevat que s'especifiqui una altra cosa, s'assumeix que una interrupció no implica temps de canvi ni augment del temps de processament de la feina. Per tant, no abunden les situacions reals en què aquest supòsits es compleixin, encara que sigui aproximadament.

3.2.1. $Pm|prmp|\sum C_j$

En aquest problema, la possibilitat de fer preempció no implica cap avantatge. Per tant, es redueix al $Pm||\sum C_j$.

3.2.2. $Qm|prmp|\sum C_j$

Em aquest cas, el temps total de procés d'una feina depèn de la part que se n'executi a cada màquina. Si el temps de procés de la feina j a velocitat 1 és p_j, les velocitats de les màquines són $v_i (i = 1, ..., m)$ i els temps de procés de la feina j a cada màquina són $t_{ij} (i = 1, ..., m)$, s'ha de complir que $\sum_{i=1}^{m} v_i \cdot t_{ij} = p_j$.

El problema es resol amb la regla SRPT-FM (*Shortest Remaining Processing Time on the Fastest Machine*). És a dir, les màquines s'ordenen de la més ràpida a la més lenta i les feines, en l'ordre no decreixent de temps de processament (SPT) en una màquina de referència; aleshores les primeres m feines s'assignen a les màquines, per ordre, i, a mesura que una màquina queda lliure, se li passa la feina que estigui sent processada per la màquina següent.

L'aplicació d'aquest algorisme s'il·lustra (Figura 16) amb l'Exemple 9:

$$m = 3;\ v_1 = 3,\ v_2 = 2, v_3 = 1$$

$$n = 4;\ p_1 = 3,\ p_2 = p_3 = 8;\ p_4 = 10$$

t	1	2	3	4	5	6
$i = 1$	1	2	2	3	4	4
$i = 2$	2	3	3	4		
$i = 3$	3	4	4			

Figura 16. Diagrama de Gantt de la solució òptima de l'Exemple 9 ($\sum C_j = 1 + 3 + 4 + 6 = 14$).

3.2.3. $Pm \mid prmp \mid C_{\max}$

Es demostra que el valor òptim de la funció objectiu, $C^*_{\max}$, es calcula amb l'expressió:

$$C^*_{\max} = \max(\max_{j=1,\dots,n} p_j, \frac{\sum_{j=1}^{n} p_j}{m})$$

Conegut aquest valor, s'obté una solució òptima col·locant les feines, en un ordre qualsevol, successivament a la màquina 1, a la 2, etc., fins a la m: es passa d'una màquina i a una màquina $i + 1$ quan a la màquina i s'assoleix el temps $C^*_{\max}$.

De fet, l'expressió amb què es calcula $C^*_{\max}$ és òbviament una fita inferior del valor òptim. El fet que l'algorisme doni sempre una solució amb un valor de $C_{\max}$ igual al de la fita demostra que aquesta fita és igual a $C^*_{\max}$.

L'aplicació d'aquest algorisme s'il·lustra amb els exemples 10 (Figura 17) i 11 (Figura 18 i 18bis).

Exemple 10:

$$m = 3;\ n = 6;\ p_j = j$$

$$C^*_{\max} = \max(\max_{j=1,\dots,n} p_j, \frac{\sum_{j=1}^{n} p_j}{m}) = \max(6, \frac{21}{3}) = 7$$

t	**1**	**2**	**3**	**4**	**5**	**6**	**7**
$i = 1$	1	2	2	3	3	3	4
$i = 2$	4	4	4	5	5	5	5
$i = 3$	5	6	6	6	6	6	6

Figura 17. Diagrama de Gantt d'una solució òptima de l'Exemple 10.

Exemple 11:

$$m = 3; n = 6; p_j = j,\ j = 1,...,5;\ p_6 = 8$$

$$C^*_{\max} = \max(\max_{j=1,...,n} p_j, \frac{\sum_{j=1}^{n} p_j}{m}) = \max(8, \frac{23}{3}) = 8$$

t	**1**	**2**	**3**	**4**	**5**	**6**	**7**	**8**
$i = 1$	1	2	2	3	3	3	4	4
$i = 2$	4	4	5	5	5	5	5	6
$i = 3$	6	6	6	6	6	6	6	

Figura 18. Diagrama de Gantt d'una solució òptima de l'Exemple 11.

t	**1**	**2**	**3**	**4**	**5**	**6**	**7**	**8**
$i = 1$	1	2	2	3	3	3	4	4
$i = 2$	4	4	5	5	5	5	5	
$i = 3$	6	6	6	6	6	6	6	6

Figura 18bis. Diagrama de Gantt d'una solució òptima de l'Exemple 11 (aquesta solució implica únicament una interrupció, la de la feina 4, mentre que a la de la Figura 17, n'hi ha dues, les de les feines 4 i 6; hi ha diversos ordres, inclòs LPT, que donen una solució òptima sense interrupcions).

3.2.4. $Rm \mid prmp \mid C_{\max}$

Aquest problema es resol, en temps polinomial, amb un algorisme que té dues parts. A la primera es determina, mitjançant un programa lineal, $C^*_{\max}$ i el temps que cada feina ha de passar a cada màquina. A la segona, tot respectant el C^*_{max}, s'ordenen els diguem-ne trossos de feina obtinguts a la primera part de manera que resulti un programa factible (és a dir, en què els trossos d'un mateix feina no es processin alhora).

La descripció detallada d'aquest algorisme resultaria excessivament extensa per a aquest text. Podeu trobar-la a Lawler i Labetoulle (1978), que es basa parcialment en Gonzalez i Sahni (1976).

CAPÍTOL 4

PROBLEMES *Fm*

Recordem (cfr. 1.4) que el que caracteritza aquest tipus de problemes és que hi ha m màquines en sèrie i que totes les feines comprenen m operacions que s'han d'executar, respectivament i successivament, en les màquines 1, 2, ..., m. Recordem també que si les feines que surten d'una màquina i ($i = 1, ..., m-1$) respecten la disciplina FIFO davant la màquina següent es diu que és un *permutation flowshop* (entrada *prmu* en el camp β), perquè la permutació inicial de les feines, és a dir, l'ordre en què passen per la màquina 1 es manté en el pas per totes les altres màquines i, per tant, és també l'ordre en què surten del sistema.

4.1. Relacions entre els problemes $Fm||*$ i els $Fm|prmu|*$

Una solució d'un problema *prmu* queda definida amb una permutació de les n feines; per tant, en aquest cas hi ha $n!$ solucions factibles. En canvi, per definir una solució d'un problema que no sigui *prmu* cal especificar m permutacions, una per a cada màquina, i per tant el nombre de solucions factibles és $(n!)^m$, per la qual cosa és obvi que un problema *prmu* és més fàcil de resoldre que un que no ho sigui.

La literatura sobre problemes *prmu* és incomparablement més abundant que la que es refereix a problemes no *prmu*. Això no s'explica només pel fet que hi ha sistemes productius en què per raons tecnològiques només són factibles solucions *prmu*, sinó perquè els problemes *prmu* són més fàcils de tractar[19].

No s'ha de perdre de vista, però, que en general els problemes *prmu* i els no *prmu* no són equivalents, excepte en supòsits molt restrictius que examinarem a continuació. Fora d'aquests casos, el valor òptim de la funció objectiu pot ser molt diferent segons que ens restringim o no a solucions que tinguin la propietat *prmu*.

Ara bé, es compleixen el lemes següents:

Lema 1. Tot exemplar d'un problema $Fm||\gamma$, on γ és una funció objectiu regular, té una solució òptima en què l'ordre de les feines és el mateix per a les dues primeres màquines.

Lema 2. Tot exemplar d'un problema $Fm||C_{\max}$ té una solució òptima en què l'ordre de les feines és el mateix per a les dues darreres màquines.

La demostració d'ambdós lemes es basa en suposar que una solució que no té la propietat és òptima i mostrar que a partir d'ella se'n pot obtenir una altra que té la propietat i que és igual o millor que la solució de partida.

Observeu que els lemes estableixen que sempre hi ha una solució òptima amb la propietat, la qual cosa no exclou que n'hi hagi més d'una ni que hi hagi solucions òptimes que no tinguin la propietat.

Segons aquests lemes, per tant:

- Per obtenir una solució òptima de $F2||\gamma$, on γ és una funció objectiu regular, és suficient resoldre $F2|prmu|\gamma$.
- Per obtenir una solució òptima de $F3||C_{\max}$, és suficient resoldre $F3|prmu|C_{\max}$.

Considerem l'Exemple 12 (Taula 14).

---

[19] A Benavides i Ritt (2016) es tracta un problema no *prmu*.

$j\downarrow, i\rightarrow$	1	2	3
1	4	1	1
2	1	4	4

Taula 14. Exemple 12: temps de processament de cada feina en cada màquina.

Les Figura 19 a 19tetra mostren els diagrames de Gantt corresponents a les quatre solucions en què l'ordre de les feines és el mateix per a les màquines 1 i 2 (com que considerarem les funcions objectiu $C_{\max}$ i $\sum C_j$, que són regulars, només cal estudiar les solucions que tenen aquesta propietat, d'acord amb el Lema 1).

t	1	2	3	4	5	6	7	8	9	10	11	12	13	14
$i = 1$	1	1	1	1	2									
$i = 2$					1	2	2	2	2					
$i = 3$						1				2	2	2	2	

Figura 19. 1-2|1-2|1-2 $C_{max} = 13, \sum C_j = 19$.

t	1	2	3	4	5	6	7	8	9	10	11	12	13	14
$i = 1$	2	1	1	1	1									
$i = 2$		2	2	2	2	1								
$i = 3$						2	2	2	2	1				

Figura 19bis. 2-1|2-1|2-1 $C^*_{\max} = 10, \sum C_j = 19$.

t	1	2	3	4	5	6	7	8	9	10	11	12	13	14
$i = 1$	1	1	1	1	2									
$i = 2$					1	2	2	2	2					
$i = 3$										2	2	2	2	1

Figura 19ter. 1-2|1-2|2-1 $C_{max} = 14, \sum C_j = 27$.

t	1	2	3	4	5	6	7	8	9	10	11	12	13	14
$i = 1$	2	1	1	1	1									
$i = 2$		2	2	2	2	1								
$i = 3$							1	2	2	2	2			

Figura 19tetra. 2-1 | 2-1 | 1-2 $C_{max} = 11$, $(\sum C_j)^* = 18$.

El valor òptim de $C_{\max}$, 10 (Figura 19bis), s'obté amb la solució 2-1 | 2-1 | 2-1, en què l'ordre de les feines és el mateix per a les tres màquines. En canvi, per a $\sum C_j$, el valor òptim , 18 (Figura 19tetra), s'obté amb la solució 2-1 | 2-1 | 1-2, en què els ordres per a les dues darreres màquines són diferents[20].

Tanmateix, $F4 \| C_{\max}$ no és equivalent a $F4|prmu|C_{\max}$, és a dir, una solució òptima de $F4|prmu|C_{\max}$ en general no és òptima per a $F4\|C_{\max}$.

Considerem l'Exemple 13 (Taula 15).

$j\downarrow, i\rightarrow$	1	2	3	4
1	4	1	1	4
2	1	4	4	1

Taula 15. Exemple 13: temps de processament de cada feina en cada màquina.

Les Figura 20 a 20tetra corresponen als diagrames de Gantt de les quatre solucions en què l'ordre de les feines és el mateix per a les màquines 1 i 2, per una banda, i per a les màquines 3 i 4, per una altra banda. Com que la funció objectiu és $C_{\max}$, només cal estudiar les solucions que tenen aquesta propietat, d'acord amb el Lema 1 i el Lema 2.

Amb les dues solucions en què l'ordre de les feines és el mateix per a les quatre màquines (Figura 20 i 20bis) s'obté el valor òptim de $C_{\max}$ per a $F4|prmu|C_{\max}$,

---

[20] Des d'aquest punt ens referirem exclusivament a problemes $C_{\max}$. Per a $Fm\|\sum C_j$, Fernandez-Viagas i Framinan (2015).

t	1	2	3	4	5	6	7	8	9	10	11	12	13	14	15	16	17	18
$i = 1$	1	1	1	1	2													
$i = 2$					1	2	2	2	2									
$i = 3$						1				2	2	2	2					
$i = 4$							1	1	1	1				2				

Figura 20. 1-2 | 1-2 | 1-2 | 1-2 $C_{max} = 14$.

t	1	2	3	4	5	6	7	8	9	10	11	12	13	14	15	16	17	18
$i = 1$	2	1	1	1	1													
$i = 2$		2	2	2	2	1												
$i = 3$						2	2	2	2	1								
$i = 4$										2	1	1	1	1				

Figura 20bis. 2-1 | 2-1 | 2-1 | 2-1 $C_{max} = 14$.

t	1	2	3	4	5	6	7	8	9	10	11	12	13	14	15	16	17	18
$i = 1$	1	1	1	1	2													
$i = 2$					1	2	2	2	2									
$i = 3$										2	2	2	2	1				
$i = 4$														2	1	1	1	1

Figura 20ter. 1-2 | 1-2 | 2-1 | 2-1 $C_{max} = 18$.

t	1	2	3	4	5	6	7	8	9	10	11	12	13	14	15	16	17	18
$i = 1$	2	1	1	1	1													
$i = 2$		2	2	2	2	1												
$i = 3$							1	2	2	2	2							
$i = 4$								1	1	1	1	2						

Figura 20tetra. 2-1 | 2-1 | 1-2 | 1-2 $C^*_{\max} = 12$.

14. En canvi, per a $F4||C_{max}$ el valor òptim de C_{max}, 12, s'obté per a la solució 2-1 | 2-1 | 1-2 | 1-2 (Figura 20tetra) en què l'ordre per a les dues primeres màquines és el mateix i l'ordre per a les dues darreres també és el mateix, però en què hi ha un canvi d'ordre entre les màquines 2 i 3.

4.2. $F2||C_{max}$: algorisme de Johnson

Aquest és l'únic, dins del conjunt de problemes Fm, que es resol amb un algorisme senzill i polinomial. Fins i tot $F2||\sum C_j$ i $F3||C_{max}$ són problemes difícils.

L'algorisme de Johnson (1954) permet trobar una solució òptima de $F2||C_{max}$ en un temps polinomial. Aquest algorisme es pot descriure de diverses maneres equivalents, entre les quals la que segueix:

Algorisme de Johnson per a $F2||C_{max}$:

Pas 1. Partir el conjunt de feines en els dos subconjunts següents[21]:

$$S1=\{j: p_{1j} \le p_{2j}\};\ S2=\{j: p_{1j} > p_{2j}\}$$

Pas 2. Ordenar els elements del conjunt $S1$ d'acord amb la regla SPT, en relació amb p_{1j}, i els del conjunt $S2$ d'acord amb la regla LPT, en relació amb p_{2j}. La seqüència òptima resulta de posar els elements de $S2$ a continuació dels de $S1$.

Observeu que aquest algorisme formalitza la idea intuïtiva que les feines que han d'anar en les primeres posicions de la seqüència són les que tenen temps de processament curts a la primera màquina (la segona màquina no pot començar a actuar fins que la primera no ha acabat de processar la primera feina) i les que han d'anar a les darreres posicions són les que tenen temps de processament curts a la segona màquina (mentre la segona màquina processa la darrera feina, la primera màquina resta ociosa).

Aplicarem l'algorisme de Johnson a l'Exemple 14 (Taula 16).

---

[21] Quan $p_{1j} = p_{2j}$ és indiferent que de la feina j s'incorpori a $S1$ o a $S2$.

$i\downarrow, j\rightarrow$	1	2	3	4	5
1	5	2	9	0	8
2	3	7	1	6	4

Taula 16. Exemple 14: temps de processament de cada feina en cada màquina.

$S1 = \{2,4\}$, $S2 = \{1,3,5\}$; SPT a $S1$: 4-2; LPT a $S2$: 5-1-3; una seqüència òptima és:

$$4 - 2 - 5 - 1 - 3$$

El programa d'activitats corresponent es representa a la Figura 21.

t	01	02	03	04	05	06	07	08	09	10	11	12	13	14	15	16	17	18	19	20	21	22	23	24	25
$i = 1$	2	2	5	5	5	5	5	5	5	5	1	1	1	1	1	3	3	3	3	3	3	3	3	3	
$i = 2$	4	4	4	4	4	4	2	2	2	2	2	2	2	5	5	5	5	1	1	1					3

Figura 21. Diagrama de Gantt de la solució òptima de l'Exemple 14; $C^*_{\max} = 25$.

Per calcular el valor de $C_{\max}$ i els dels instants de finalització del processament de cada feina en cada màquina, per a qualsevol valor de m, només cal tenir en compte que per poder iniciar el processament en una màquina i de la feina que ocupa la posició h en la seqüència s'ha d'haver completat el processament d'aquesta mateixa feina en la màquina anterior, $i - 1$, i també s'ha d'haver completat el processament en la màquina i de la feina que ocupa la posició $h - 1$ en la seqüència. Per tant, si c_{ih} és l'instant en què es completa el processament en la màquina i de la feina que ocupa la posició h en la seqüència i definim els valors auxiliars c_{i0}:

$$c_{i0} = 0;\ i = 1,...m$$

$$c_{1h} = c_{1,h-1} + p_{1h};\ h = 1,...,n$$

$$c_{ih} = \max(c_{i-1,h}, c_{i,h-1}) + p_{ih};\ i = 2,...,m,\ h = 1,...,n$$

El resultat d'aplicar aquestes expressions a la seqüència obtinguda amb l'algorisme de Johnson per a l'Exemple 14 es mostra a la Taula 17.

	***k* (feina)**				
i	**[1] (4)**	**[2] (2)**	**[3] (5)**	**[4] (1)**	**[5] (3)**
1	0	2	10	15	24
2	6	13	17	20	25

Taula 17. Instants en què es completa el processament de cada feina en cada màquina per a la seqüència obtinguda amb l'algorisme de Johnson per a l'Exemple 14.

El problema $F3||C_{\max}$ també és fàcil de resoldre, prèvia transformació en un $F2||C_{\max}$ al qual s'aplica l'algorisme de Johnson, quan els temps de processament en la segona màquina són baixos en relació amb els de la primera i l'última màquina (en el cas que els temps de la segona màquina són nuls, és evident que el problema és equivalent a un problema amb dues màquines). Específicament, Johnson va demostrar que si en un exemplar de $F3||C_{\max}$ es compleix qualsevol de les dues condicions següents:

$$\max_j(p_{2j}) \leq \min_j(p_{1j})$$

$$\max_j(p_{2j}) \leq \min_j(p_{3j})$$

es troba una solució òptima en aplicar l'algorisme de Johnson a un exemplar de $F2||C_{\max}$ amb $p'_{1j} = p_{1j} + p_{2j}$; $p'_{2j} = p_{2j} + p_{3j}$.

Considerem l'Exemple 15 (Taula 18).

***i*↓, *j*→**	**1**	**2**	**3**	**4**	**5**
1	5	7	6	8	9
2	3	4	5	2	1
3	8	3	4	6	5

Taula 18. Exemple 15: temps de processament de cada feina en cada màquina.

Es compleix:

$$\max_j \left(p_{2j} \right) = 5 \leq \min_j (p_{1j}) = 5$$

Per tant, podem trobar una solució òptima mitjançant l'aplicació de l'algorisme de Johnson a l'exemplar de $F2 || C_{\max}$ que es mostra a la Taula 19.

	j				
i	**1**	**2**	**3**	**4**	**5**
1	5+3=8	7+4=11	6+5=11	8+2=10	9+1=10
2	3+8=11	4+3=7	5+4=9	2+6=8	1+5=6

Taula 19. Exemplar de $F2 || C_{\max}$ obtingut a partir de l'Exemple 15.

La seqüència que en resulta és:

$$1 - 3 - 4 - 2 - 5$$

I els temps de compleció de les operacions es mostren a la Taula 20.

	***k* (feina)**				
i	**[1] (1)**	**[2] (3)**	**[3] (4)**	**[4] (2)**	**[5] (5)**
1	5	11	19	26	35
2	8	16	21	30	36
3	16	20	27	33	41

Taula 20. Instants en què es completa el processament de cada feina en cada màquina per a la seqüència òptima de l'Exemple 15.

4.3. $Fm || C_{\max}$ $(m \geq 3)$

Amb l'excepció indicada al final de 4.2, i com s'ha dit anteriorment, no hi ha algorismes d'optimització polinomials per a $Fm || C_{\max}$ amb $m \geq 3$.

El cas $m = 3$, com s'ha indicat a 4.1, té la peculiaritat que és equivalent a $F3|prmu|C_{max}$. Sense perdre de vista que aquesta propietat no es manté per a $m > 3$, d'ara endavant ens limitarem a tractar el cas $Fm|prmu|C_{max}$. Tot i així, segueix sent un problema difícil. Per trobar la solució òptima cal aplicar algorismes de *branch and bound*, de PLEM o de CLP (*Constraint Logic Programming*). I, com que aquests algorismes poden requerir temps inacceptables, sovint s'ha de recórrer a procediments heurístics.

4.3.1. Fites

Atesa la dificultat d'optimització, el càlcul de fites inferiors del valor òptim de la funció objectiu és molt important, ja que permet avaluar la qualitat de les solucions quan no és té la certesa que són òptimes i també accelera l'obtenció de solucions òptimes quan s'apliquen algorismes exactes.

Entre els diversos tipus de fites, ens limitarem a les denominades longitudinals (basades en les màquines) i les transversals (basades en les feines).

El càlcul de les longitudinals es basa en el raonament següent. Si considerem una màquina qualsevol, la suma dels temps de processament de totes les feines en la màquina constitueix una fita inferior de C^*_{max}. Ara bé, si la màquina és la primera, podem millorar la fita si tenim en compte que la darrera feina de la seqüència (que no sabem quina és), una vegada processada per la màquina 1 haurà de ser processada per les altres màquines. Si la màquina és la darrera, podem tenir en compte que la primera feina de la seqüència (que no sabem quina és), abans de començar a ser processada per la màquina m haurà de ser processada per les altres màquines. En el cas d'una màquina intermèdia ($i \neq 1, m$), la primera feina de la seqüència ha de ser processada per les màquines precedents de la i, abans que aquesta pugui començar a processar-la, i l'última, una vegada la màquina i l'hagi processada, haurà de ser processada per les màquines següents; òbviament, no sabem quines feines són la primera i l'última, però sí que són diferents. Aleshores, si notem κ_i la fita longitudinal corresponent a la màquina i, tenim:

$$\kappa_1 = \sum_{j=1}^{n} p_{1j} + \min_{j} \sum_{i=2}^{m} p_{ij}$$

$$\kappa_i = \sum_{j=1}^{n} p_{ij} + \min_{j \neq k}\left(\sum_{h=1}^{i-1} p_{hj} + \sum_{h=i+1}^{m} p_{hk} \right)$$

$$\kappa_m = \sum_{j=1}^{n} p_{mj} + \min_j \sum_{i=1}^{m-1} p_{ij}$$

Quant a les fites transversals, el raonament parteix del fet que la suma dels temps de processament d'una feina en totes les màquines constitueix una fita inferior de $C^*_{\max}$, que es pot millorar si tenim en compte que les altres feines aniran abans o després que ella mateixa en la seqüència i que el més favorable és que vagin abans si $p_{1s} < p_{ms}$ i que vagin després si $p_{ms} < p_{1s}$ (si $p_{1s} = p_{ms}$, és indiferent que vagin abans o després). Per tant, si notem η_j la fita transversal corresponent a la feina j, tenim:

$$\eta_j = \sum_{i=1}^{m} p_{ij} + \sum_{k \neq j} \min(p_{1k}, p_{mk})$$

Per a l'Exemple 15 s'obtenen els valors següents:

$\kappa_1 = 35 + (1 + 5) = 41;$
$\kappa_2 = 15 + (5 + 3) = 23;$
$\kappa_3 = 26 + (5 + 3) = 34;$
$\eta_1 = 16 + (3 + 4 + 6 + 5) = 34;$
$\eta_2 = 14 + (5 + 4 + 6 + 5) = 34;$
$\eta_3 = 15 + (5 + 3 + 6 + 5) = 34;$
$\eta_4 = 16 + (5 + 3 + 4 + 5) = 33;$
$\eta_5 = 15 + (5 + 3 + 4 + 6) = 33$

Donades les fites longitudinals i transversals, la fita més ajustada és:

$$\max(\max_i \kappa_i, \max_j \eta_j)$$

Per a l'Exemple 15, la millor fita obtinguda, per tant, és 41. En aquest cas, la millor fita és igual a $C^*_{\max}$, però aquesta igualtat no es compleix en tots els exemplars.

En general, si tenim una solució i el seu $C_{\max}$ i una fita, si $C_{\max}$ i fita coincideixen la solució és òptima i si els dos valors són pròxims, la solució és de bona qualitat. Si la diferència entre els dos valors és gran no podem assegurar que la solució sigui de mala qualitat, perquè la causa de la discrepància pot ser que la fita és poc ajustada.

4.3.2. Heurístiques

El problema $Fm|prmu|C_{max}$ és un dels més tractats en la literatura i per resoldre'l s'han proposat heurístiques molt nombroses[22], algunes de les quals, tanmateix, són variants d'una mateixa idea bàsica. A continuació en descrivim algunes que hem seleccionat tenint en compte la importància que han tingut en el desenvolupament de les tècniques per resoldre el problema i la qualitat de les solucions que proporcionen amb relació al temps de càlcul que requereixen.

4.3.2.1. Giglio i Wagner

Com que la transformació d'un problema $F3||C_{max}$ en un $F2||C_{max}$, proposada per Johnson, permet trobar la solució òptima del $F3||C_{max}$ quan els valors dels temps de processament compleixen la propietat enunciada a 4.2, sembla bastant natural resoldre heurísticament qualsevol $F3||C_{max}$, encara que no compleixi la propietat, amb el mateix procediment (Giglio i Wagner, 1964).

4.3.2.2. Palmer

Posteriorment, Palmer (1965) proposà l'algorisme següent:

Pas 1. $S_{1j} = \sum_{i=1}^{m-1} (m-i) \cdot p_{ij}$; $S_{2j} = \sum_{i=2}^{m} (i-1) \cdot p_{ij}$

Pas 2. Ordenar les feines en l'ordre no decreixent de

$$S_{3j} = S_{1j} - S_{2j} = \sum_{i=1}^{m} (m - 2 \cdot i + 1) \cdot p_{ij}$$

4.3.2.3. Trapezis

A Companys (1966) es proposa considerar els valors S_{1j} i S_{2j} de Palmer com els temps de processament en la primera i la segona màquina d'un $F2||C_{max}$ i aplicar a l'exemplar resultant l'algorisme de Johnson.

---

[22] L'estudi més recent sobre les heurístiques per resoldre aquest problema és Fernández-Viagas *et al.* (2016).

4.3.2.4. Campbell, Dudeck i Smith

Aquests autors (Campbell *et al.*, 1970) varen proposar resoldre $m - 1$ exemplars de $F2 || C_{\max}$ amb l'algorisme de Johnson i donar com a resultat la millor solució obtinguda.

Els temps corresponents a la primera i la segona màquina d'aquests exemplars es calculen com segueix:

Per a $K = 1, ..., m - 1$:

$$p'_{1j} = \sum_{i=1}^{K} p_{ij}$$

$$p'_{2j} = \sum_{i=m+1-K}^{m} p_{ij}$$

Per tant, ve a ser una extensió de Giglio i Wagner per a $m > 3$.

4.3.2.5. Dannenbring

L'inici de l'algorisme de Dannenbring (1977) és molt semblant al de trapezis. També consisteix a aplicar l'algorisme de Johnson a un $F2 || C_{\max}$, però els temps corresponents a la primera i a la segona màquina es calculen d'una manera lleugerament diferent:

$$p'_{1j} = \sum_{i=1}^{m} (m - i + 1) \cdot p_{ij}$$

$$p'_{2j} = \sum_{i=1}^{m} i \cdot p_{ij}$$

Obtinguda la solució, s'intenta millorar mitjançant procediments d'optimització local. Observeu que la idea d'aplicar una optimització local apareix quan gràcies als progressos en el maquinari es poden fer càlculs repetitius en temps relativament breus.

4.3.2.6. NEH

L'algorisme de Nawaz, Enscore i Ham (1983), tot i els anys transcorreguts des de la seva publicació, és un dels més efectius i se'n segueixen proposant variants que, a costa d'una major complexitat, milloren l'algorisme original:

Pas 1. Ordenar les feines segons l'ordre no decreixent de $\sum_{i=1}^{m} p_{ij}$.

Pas 2. Ordenar les dues primeres feines en l'ordre que doni un millor temps de compleció.

Pas 3. Des de $[k] = 3$ a $[n]$, col·locar la feina $[k]$ en la millor posició de la seqüència formada per les $k-1$ feines que la precedeixen en l'ordenació inicial.

4.3.2.7. Una generalització de Campbell-Dudeck-Smith, trapezis i Dannenbring, mitjançant EAGH

Les tres heurístiques que figuren en el títol d'aquest punt 4.3.2.7 es poden veure com a casos particulars d'una família d'heurístiques que consisteixen a aplicar l'algorisme de Johnson a un exemplar de $F2||C_{\max}$ en el qual:

$$p'_{1j} = \sum_{i=1}^{m} \alpha_i \cdot p_{ij}$$

$$p'_{2j} = \sum_{i=1}^{m} \beta_i \cdot p_{ij}$$

A Corominas i Pastor (2011) es descriu un mètode, que els autors denominen EAGH (*Empirically Adjusted Greedy Heuristics*), que es basa en la idea de caracteritzar una família d'infinites heurístiques mitjançant unes fórmules que inclouen uns paràmetres i fer ús d'un procediment per determinar-ne valors adequats. Per determinar els valors de les α_i i de les β_i es requereix un conjunt d'exemplars d'entrenament; i els valors obtinguts, és clar, depenen de les característiques d'aquests exemplars. Per a temps de processament discrets i distribuïts uniformement entre 1 i 100, els valors obtinguts dels paràmetres, per a $m = 3$ i $m = 5$, respectivament, es mostren a les taules 21 i 21bis.

i	1	2	3
α_i	2,67	1,14	–0,44
β_i	–0,23	1,26	2,72

Taula 21. Valors de les α_i i de les β_i, determinats per EAGH, per a $m = 3$.

i	1	2	3	4	5
α_i	5,02	3,36	1,68	0,08	–1,91
β_i	–1,53	0,15	1,74	3,23	4,80

Taula 21bis. Valors de les α_i i de les β_i, determinats per EAGH, per a $m = 5$.

Aquests resultats es poden considerar inesperats, ja que cap de les heurístiques d'aquest tipus que s'havien proposat incorpora pesos negatius. Però es pot veure que això és raonable si es té en compte que una α_m negativa dóna prioritat, entre feines amb temps de processament iguals per a les primeres $m - 1$ màquines, a la feina amb major temps a la màquina m; o, simètricament, que una β_1 negativa posposa, entre feines amb temps de processament iguals per a les darreres $m - 1$ màquines, la que té el major temps a la màquina 1.

4.3.2.8. *Exemples d'aplicació d'alguns dels algorismes descrits*

Per il·lustrar l'aplicació d'alguns algorismes farem ús de l'Exemple 16 (Taula 22), d'Ignall i Schrage (1965).

	j									
i	1	2	3	4	5	6	7	8	9	10
1	1	5	7	8	3	7	9	8	6	3
2	2	9	6	9	2	10	7	9	1	1
3	9	7	8	9	3	4	7	4	3	1

Taula 22. Exemple 16.

La resolució amb l'algorisme de Palmer es mostra a la Taula 23, on es veu que hi ha empats (feines 3 i 4, per una banda i 6 i 9 per una altra), per la qual cosa l'algorisme, segons la regla que s'adopti per desfer els empats, pot donar lloc a quatre seqüències diferents.

Per al mateix Exemple 16, amb Campbell, Dudeck i Smith ($K = 1$), trapezis i Dannenbring obtenen seqüències amb $C_{max} = 67$. Amb Campbell, Dudeck i Smith ($K = 2$), $C_{max} = 69$.

	j									
i	**1**	**2**	**3**	**4**	**5**	**6**	**7**	**8**	**9**	**10**
1	1	5	7	8	3	7	9	8	6	3
2	2	9	6	9	2	10	7	9	1	1
3	9	7	8	9	3	4	7	4	3	1
S_{1j}	4	19	20	25	8	24	25	25	13	7
S_{2j}	20	23	22	27	8	18	21	17	7	3
S_{3j}	–16	–4	–2	–2	0	6	4	8	6	4
Posició	1	2	3	4	5	8	6	10	9	7

Taula 23. Resolució de l'Exemple 16 amb l'algorisme de Palmer. Els empats s'han desfet amb l'ordre lexicogràfic; $C_{max} = 70$.

La seqüència òptima d'aquest exemplar és la que correspon a la numeració de les feines, de l'1 al 10, amb $C^*_{max} = 66$. Les fites longitudinals valen 59, 58 i 58; de les transversals, la millor (61) és la corresponent a la feina 4.

Cap de les heurístiques aplicades aconsegueix trobar una seqüència òptima, però totes les obtingudes són de bona qualitat. El millor valor de la funció objectiu ($C_{max} = 67$, obtingut amb trapezis i Dannenbring) difereix de l'òptim en una unitat de temps que, relativament, és aproximadament l'1,5% del valor òptim. Si no sabéssim el valor òptim, compararíem 67 amb la millor fita, 61, i podríem assegurar que la solució no difereix de l'òptima en més del 9,84%.

4.3.3. Procediments exactes

4.3.3.1. Branch and bound: *algorisme de Lomnicki*

Lomnicki (1965) va proposar, per a $Fm|prmu|C_{max}$ un algorisme de *branch and bound*, un dels primers d'aquest tipus (en el marc del *branch and bound* caben moltes variants, que no pretenem descriure aquí; al respecte, cfr. Pastor i Corominas, 2004).

Tanmateix, un exemple ens permetrà entendre les característiques principals del procediment. Les dades corresponents (Exemple 17) es mostren a la Taula 24.

	j				
i	**1**	**2**	**3**	**4**	**5**
1	1	2	3	2	3
2	3	5	1	7	4
3	2	3	1	6	1

Taula 24. Exemple 17.

L'aplicació de l'heurística de Palmer dóna, per exemple, la seqüència 4-1-2-5-3, amb $C_{max} = 23$. Entre les fites longitudinals i transversals, la millor és $\kappa_2 = 22$. Tenim una bona solució, però no podem assegurar que sigui òptima.

Si fixem quina feina va en la primera posició obtenim 5 exemplars en què només queda per fixar l'ordre de les 4 feines restants. Per a cada un dels 5 podem calcular els valors $f_i (i = 1, ..., m)$, instants en què quedaran lliures les màquines després de processar les feines que tenen la posició ja fixada. Aquests valors s'han de tenir en compte en el càlcul de fites dels exemplars generats; per a cada un d'ells podem obtenir una fita (de tipus longitudinal, prescindim de les transversals) mitjançant l'expressió següent:

$$Fita1 = \max[\max_{i=1,\dots,m-1}(f_i + \sum_{j \in N} p_{ij} + \min_{j \in N} \sum_{h=i+1}^{m} p_{hj}), f_m + \sum_{j \in N} p_{mj}]$$

On N és el conjunt de feines sense posició assignada.

Hi ha fites més ajustades que la Fita1, com ara la Fita2:

$$Fita2 = \max_{i=1,\ldots,m} \kappa_i$$

amb

$$\kappa_1 = f_1 + \sum_{j \in N} p_{1j} + \min_{j \in N} \sum_{h=2}^{m} p_{hj}$$

$$\kappa_i = \max(f_i, f_1 + \min_{j \in N} \sum_{h=1}^{i-1} p_{hj}) + \sum_{j \in N} p_{ij} + \min_{j \in N} \sum_{h=i+1}^{m} p_{ij}$$

$$\kappa_m = \max(f_m, f_1 + \min_{j \in N} \sum_{h=1}^{m-1} p_{hj}) + \sum_{j \in N} p_{mj}$$

De tota manera, per a la resolució de l'exemple farem ús únicament de la Fita1.

Llavors, si col·loquem en la primera posició, successivament, les feines 1, 2, 3, 4 i 5, obtenim com a fites respectives 22, 23, 24, 23, 24. Com que ja tenim una solució amb $C_{max} = 23$, només tenim possibilitats de trobar una solució millor que aquesta entre les seqüències que comencem amb la feina 1. Aleshores podem considerar els 4 exemplars que comencen per la feina 1 i en la segona posició de la seqüència tenen, respectivament, les feines 2, 3, 4 i 5. El desenvolupament d'aquest procés es pot representar mitjançant una arborescència (Figura 22).

El fet d'haver trobat una solució de bona qualitat amb una heurística ha permès que l'aplicació de l'algorisme de Lomnicki resultés molt més breu que si no l'haguéssim tinguda. Aquesta idea té abast general: és molt convenient trobar una solució amb una heurística abans d'iniciar l'aplicació d'un algorisme de *branch and bound.*

De fet, aplicant a la solució obtinguda amb l'algorisme de Palmer (4-1-2-5-3) un procediment d'optimització local per intercanvi de les posicions de dues feines consecutives en la seqüència, s'obté immediatament una de les solucions òptimes (per intercanvi entre les dues primeres posicions: 1-4-2-5-3), amb un valor de la funció objectiu, 22, igual al de la fita inicial, per la qual cosa, amb aquesta informació, ja no caldria desenvolupar l'arborescència. En general, paga la pena dedicar esforços a obtenir una bona solució inicial ja que així es redueix el nombre de vèrtexs a explorar.

Tots els exemplars del problema $Fm|prmu|C_{max}$ són *reversibles*. És a dir, donat un exemplar, diguem-ne directe, podem definir el seu invers si invertim l'ordre en què les feines han de passar per les màquines. Aleshores, donada una seqüència, el C_{max} és el mateix per a aquesta seqüència en el directe que per a la seqüència inversa en l'invers. Per tant, l'exemplar directe és equivalent al seu invers, en el sentit que tenen el mateix valor òptim del C_{max} i que invertint una seqüència en el directe obtenim una solució de l'invers amb el mateix valor del C_{max}. Moltes heurístiques no poden treure partit d'aquesta propietat, perquè donen la mateixa solució per al directe que per a l'invers. En canvi, l'algorisme de Lomnicki pot seguir una trajectòria diferent per arribar a l'òptim en el cas directe que en l'invers. A més, si directe i invers es resolen en paral·lel, la fita més baixa i el millor valor del C_{max} en un dels dos pot ser útil a l'altre (Companys, 1999).

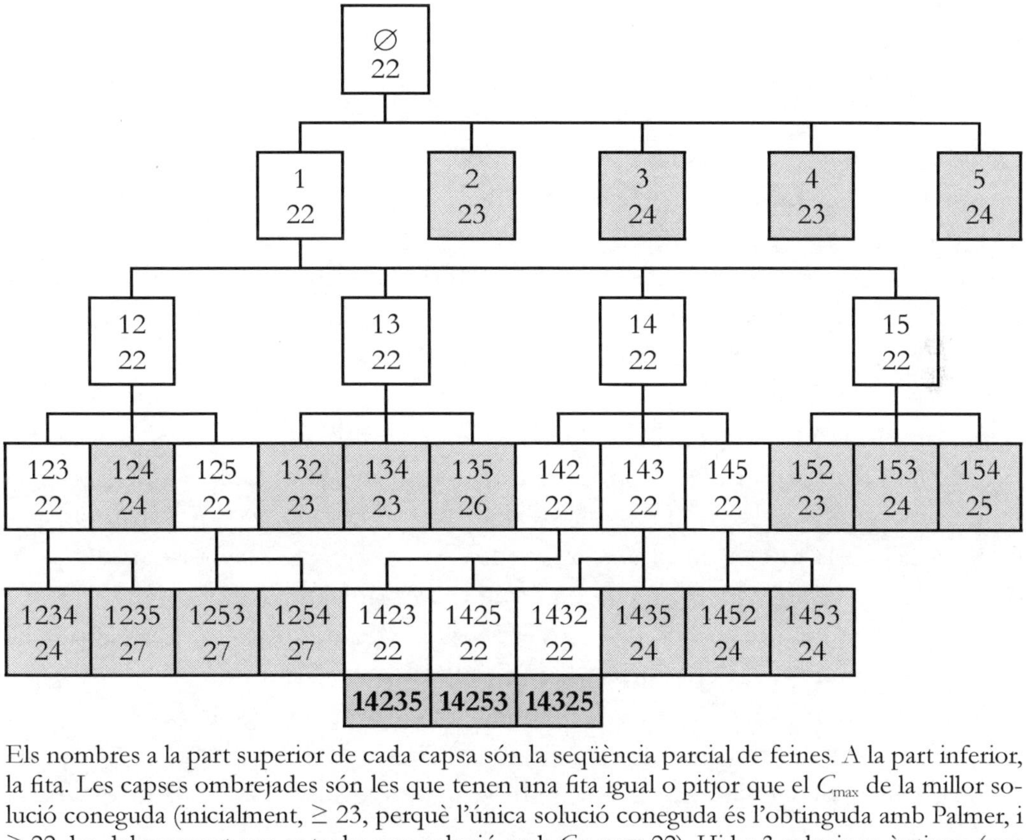

Els nombres a la part superior de cada capsa són la seqüència parcial de feines. A la part inferior, la fita. Les capses ombrejades són les que tenen una fita igual o pitjor que el C_{max} de la millor solució coneguda (inicialment, ≥ 23, perquè l'única solució coneguda és l'obtinguda amb Palmer, i ≥ 22 des del moment que es troba una solució amb $Cmax = 22$). Hi ha 3 solucions òptimes (que s'han fet ressaltar amb el color groc), amb $C^*_{max} = 22$.

Figura 22. Aplicació de l'algorisme de Lomnicki a l'Exemple 17.

De tota manera el temps requerit per l'algorisme de Lomnicki creix molt ràpidament amb els valors de m i de n i només permet resoldre exactament exemplars de dimensions modestes (unes poques desenes de feines). Quan el temps disponible és inferior al d'execució de l'algorisme, es pot utilitzar com una heurística, retenint la millor solució obtinguda fins al moment que s'assoleix el límit de temps.

4.3.3.2. PLEM

Una altra forma de resoldre exactament $Fm|prmu|C_{\max}$ és formular un model de PLEM i resoldre'l amb un programari estàndard. Aquest procediment també té limitacions pel que fa a la dimensió dels exemplars que pot resoldre.

El problema es pot formular de diverses maneres (Stafford Jr. *et al.*, 2005) una de les quals s'exposa a la Figura 23.

La funció objectiu que es tracta de minimitzar (14) és l'instant en què la darrera màquina completa el processament de la darrera feina de la seqüència, és a dir, $C_{\max}$. Les restriccions (15) imposen que el valor òptim de la funció objectiu no sigui inferior a la millor fita inferior coneguda ni superior al de la millor fita superior coneguda (corresponent a una solució factible obtinguda amb una heurística) menys 1 (com que hem suposat que els p_{ij} són enters, les variables c_{ih}, i en particular c_{mn}, també ho són; pel fet que es coneix una solució amb $C_{\max} = \Phi$ ens interessen només solucions amb $C_{\max} < \Phi$, és a dir, amb $C_{\max} \leq \Phi - 1$: si no n'hi ha, l'algorisme acabarà amb la indicació que no hi ha solucions factibles, la qual cosa equival a dir que la solució corresponent a Φ és òptima)[23]. (16) i (17) imposen, respectivament que a cada posició de la seqüència hi va una feina i només una i que cada feina va a una posició i només una. Les restriccions (18) i (19) es refereixen a la màquina 1; (18) expressa que l'instant en què la màquina 1 completa el processament de la peça que ocupa la primera posició de la seqüència és igual al temps de processament d'aquesta peça en la primera màquina; (19), que l'instant en què la màquina 1 completa el processament d'una feina que ocupa una posició diferent de la

[23] Si es disposa de fites, se'n pot fer un ús anàleg en els models descrits anteriorment i, en general, en qualsevol problema d'optimització combinatòria amb funció objectiu entera.

Dades:

m	Nombre de màquines
n	Nombre de feines
$p_{ij} \in \mathbb{Z}^*$ $i = 1, ..., m;$ $j = 1, ..., n$	Temps de processament de la feina *j* a la màquina *i*
φ, Φ	Fites inferior i superior, respectivament, del valor òptim de la funció objectiu

Variables:

$x_{jh} \in \{0,1\}$ $j,h = 1, ..., n$	=1 si i només si la feina *h* ocupa la posició *h* a la seqüència
$C_{ih} \in \mathbb{Z}^*$ $i = 1, ..., m;$ $j = 1, ..., n$	Instants en què la màquina *i* completa el processament de la feina que ocupa la posició *h* (com que suposem que hi ha espai il·limitat entre dues màquines consecutives, podem considerar també aquests instants com els de sortida de les feines de les màquines)

Model:

$$[MIN]\ z = c_{mn} \tag{14}$$

s. a

$$\varphi \leq c_{mn} \leq \Phi - 1 \tag{15}$$

$$\sum_{j=1}^{n} x_{jh} = 1 \qquad h = 1,...,n \tag{16}$$

$$\sum_{h=1}^{n} x_{jh} = 1 \qquad j = 1,...,n \tag{17}$$

Continua

Continuació

$$c_{11} = \sum_{j=1}^{n} p_{1j} \cdot x_{j1} \tag{18}$$

$$c_{1h} = c_{1,h-1} + \sum_{j=1}^{n} p_{1j} \cdot x_{jh} \qquad h = 2,..,n \tag{19}$$

$$c_{ih} \geq c_{i,h-1} + \sum_{j=1}^{n} p_{ij} \cdot x_{jh} \qquad i = 2,...,m;\ h = 2,...,n \tag{20}$$

$$c_{ih} \geq c_{i-1,h} + \sum_{j=1}^{n} p_{ij} \cdot x_{jh} \qquad i = 2,...,m;\ h = 1,...,n \tag{21}$$

Figura 23. Model de PLEM per a $Fm\,|\,prmu\,|\,C_{\max}$.

primera és igual al temps de processament de la feina més el temps en què la màquina 1 acaba de processar la feina que la precedeix en la seqüència. Les restriccions (20) són anàlogues a les (19), però es refereixen a les màquines diferents de la primera, per a les quals la relació entre el primer membre i el segon no és =, sinó ≤ ja que en el moment que es completa el processament d'una feina pot ser que la següent en la seqüència encara no hagi sortit de la màquina anterior. Finalment, les restriccions (21) corresponen a la condició que no es pot començar a processar un feina en una màquina si no ha sortit de la màquina anterior.

S'ha provat el model per a diversos jocs de dades (generant, per a cada valor de n i de m, 10 exemplars amb diferents temps de procés d'acord amb una distribució uniforme entera entre 1 i 100) i s'observa que a partir de 100 feines i 20 màquines amb 1000 segons no s'arriba a cap solució (recordeu que el temps s'ha limitat a 1000 segons). Per a exemplars de dimensions més reduïdes els temps i les solucions són en molts casos molt bons. Els resultats es resumeixen a la Taula 25. Cal destacar que l'exemple 16, considerat com un dels exemplars difícils d'aquest problema, es resol en uns pocs mil·lisegons.

n	m	temps mitjà (s)	GAP mitjà (%)	% Solucions no factibles
20	5	58	0	
20	10	638	2,32	
20	20	1000	12,46	
50	5	24	0	
50	10	1000	5,7	
50	20	1000	14,8	
100	5	79	0	
100	10	955	2,95	
100	20	1000	98,9	40
200	5	400	0	
200	10	1000	99,4	60
200	20	1000	99,4	90
500	5	1000	-	100
500	10	1000	-	100
500	20	1000	-	100

Taula 25. Resultats dels experiments amb el model per a $Fm \mid prmu \mid C_{\max}$.

CAPÍTOL 5

PROBLEMES *Jm*

A diferència dels problemes F, en què totes les feines veuen les màquines en el mateix ordre, en els problemes J les rutes de les feines no són totes iguals. Si no s'especifica el contrari, l'ordre de les operacions de cada feina és únic i conegut a priori i també està predeterminat a quina màquina s'ha d'executar cada operació.

Per a aquest tipus de problemes, llevat de casos particulars molt específics, no es coneix algorismes polinomials que els resolguin exactament, per la qual cosa es recorre habitualment a procediments heurístics.

5.1. $J2 \mid\mid C_{max}$

És un dels pocs casos, entre els problemes Jm, que es pot resoldre amb un algorisme polinomial (els altres casos amb algorismes polinomials tenen temps de processament de les feines a les màquines iguals a 0 o a 1).

Com que no hi ha recirculació (si n'hi hagués, figuraria en el camp β del codi), cada feina comprèn 1 o 2 operacions. Per tant, podem classificar les feines en els 4 subconjunts següents:

A: Només inclouen una operació a la màquina 1
B: Només inclouen una operació a la màquina 2
AB: La primera operació s'ha de fer a la màquina 1 i la segona, a la màquina 2
BA: La primera operació s'ha de fer a la màquina 2 i la segona, a la màquina 1

Aleshores, s'ordenen, mitjançant l'algorisme de Johnson, les feines del conjunt AB (com si fossin les feines d'un $F2||C_{max}$ en què la primera màquina és la 1 i la segona, la 2) i les feines del conjunt BA (com si fossin les feines d'un $F2||C_{max}$ en què la primera màquina és la 2 i la segona, la 1). L'ordre de les feines dels conjunts A i B és irrellevant. Finalment, en els ordres establerts per a cada conjunt, l'ordre en què aquests es processen en les màquines és:

Màquina 1: AB → A → BA
Màquina 2: BA → B → AB

Aquest procediment va ser descrit per primera vegada a Jackson (1956).

La Taula 26 conté les dades de l'Exemple 18, amb els temps de processament a les màquines pertinents de cada una de les feines. Aquestes ja hi figuren classificades en els 4 conjunts A, B, AB i BA.

Conjunt	**A**	**B**			**AB**		**BA**			
Feina→ Màquina↓	5	1	2	4	3	10	6	7	8	9
1	62	–	–	–	21	16	27	22	29	10
2	–	43	9	38	12	8	21	1	55	5

Taula 26. Exemple 18.

Els ordres que resulten són:

Màquina 1: 3-10-5-7-9-6-8
Màquina 2: 7-9-6-8-1-2-4-3-10

I els temps de compleció que resulten són els que figuren a la Taula 27.

Feina a M1	3	10	5	7	9	6	8		
M1	21	37	99	121	131	158	187		
M2	1	6	27	82	125	134	172	184	192
Feina a M2	7	9	6	8	1	2	4	3	10

Taula 27. Temps de compleció per a l'Exemple 18.

5.2. Procediments heurístics

Donada la dificultat per resoldre exactament els problemes *Jm*, a aquest efecte han estat proposats nombrosos procediments heurístics, una bona part dels quals es pot classificar en dos grups, algorismes orientats a feina i algorismes de *dispatching*[24], a cada un dels quals es dedica, respectivament, els punts següents.

En els algorismes orientats a feina hi ha tantes iteracions com feines i, a cada una, es programen totes les operacions de la feina corresponent. En els de *dispatching* es programa una operació a cada iteració.

Per il·lustrar l'aplicació dels algorismes farem ús de l'Exemple 19 (Taula 28).

Feina	**A**		**B**		**C**		**D**		**E**	
Operació	**Màq.**	***p***	**Màq.**	***p***	**Màq.**	***p***	**Màq.**	***p***	**Màq.**	***p***
1	2	3	2	2	3	5	2	4	3	2
2	3	6	1	5	1	7	3	6	2	6
3	1	3	2	2	2	3	1	7	-	-
4	-	-	3	7	-	-	2	4	-	-

Taula 28. Exemple 19. Els valors continguts a les columnes p són els temps de processament.

[24] *Dispatching* correspon a l'acció de despatxar, en el sentit d'expedir o enviar alguna cosa a una destinació determinada. Per tant, es podria traduir per "despatx", però mantenim el terme anglès.

5.2.1. Algorismes orientats a feina

Aquests algorismes es poden iniciar amb una ordenació de les feines, que es mantindrà durant tota l'execució de l'algorisme, d'acord amb el criteri elegit (per exemple, de més a menys temps total de processament o de més a menys temps de processament en la màquina més carregada). A cada una de les *n* iteracions de l'algorisme es tracta una feina, és a dir, es programen totes les seves operacions de la forma més convenient segons el criteri d'optimització (si aquest és un criteri regular, les operacions possiblement es programen de manera que es duguin a terme el més aviat possible). També es pot donar el cas que les feines no s'ordenin al principi, sinó que la feina a tractar en cada iteració es determini tenint en compte les decisions corresponents a iteracions anteriors (en certa manera es podria dir que l'ordenació és dinàmica, per contraposició a l'ordenació estàtica, que s'estableix a l'inici de l'algorisme i no es revisa posteriorment).

Aquest algorismes, òbviament, afavoreixen les feines prioritàries (segons el criteri d'ordenació adoptat) i la proximitat temporal de les operacions d'una mateixa feina, però poden retardar força la compleció de les feines amb prioritat baixa.

A la Figura 24 es mostra el resultat d'aplicar el procediment, amb les feines ordenades de més a menys temps total de processament, a l'Exemple 19.

t	1	2	3	4	5	6	7	8	9	10	11	12	13	14	15	16	17	18	19	20	21	22	23	24	25	26	27	28	29	30	31	32
M1											D	D	D	D	D	D	D	B	B	B	B	B	C	C	C	C	C	C	C	A	A	A
M2	D	D	D	D	B	B	A	A	A	E	E	E	E	E	E			D	D	D	D		B	B						C	C	C
M3	E	E			D	D	D	D	D	D	C	C	C	C	C	A	A	A	A	A	A				B	B	B	B	B	B	B	

Figura 24. Diagrama de Gantt corresponent a la solució obtinguda en aplicar a l'Exemple 19 l'algorisme orientat a feina, amb les feines ordenades de més a menys temps de processament (D – B – C – A – E); $C_{max} = 32$; $\sum C_j = 32 + 31 + 32 + 21 + 15 = 131$.

5.2.2. Algorismes de *dispatching*

En aquests algorismes es programa una operació cada vegada que una màquina queda disponible i hi ha operacions disponibles que la requereixen. Si hi ha més d'una operació disponible per a una mateixa màquina, es programa la més prioritària segons el que es denomina la regla de *dispatching* (per exemple: la que té major temps de processament o la que correspon a la feina amb més temps pendent de processament –incloent o no el de l'operació mateixa–, etc.). Les regles poden ser simples, com les dels exemples anteriors, o compostes. Les compostes poden consistir en una agregació de regles simples mitjançant una fórmula (el més sovint, una ponderació) o en l'aplicació successiva de regles simples, de manera jeràrquica (si hi ha empat amb una regla, s'aplica, per desempatar, la següent).

Aplicar un algorisme de *dispatching*, per tant, és com fer una simulació: es tracta de reproduir el comportament del sistema, sotmès a unes regles determinades, al llarg del temps. L'enfocament és molt flexible i permet tractar problemes semidinàmics o amb precedències generals entre operacions d'una mateixa feina o entre operacions de feines diferents (de fet, tot i que en aquesta part del text estem tractant els problemes *Jm* tal com s'han caracteritzat al principi del punt 5, en la descripció de l'algorisme hem inclòs indicacions esporàdiques de com es podrien adaptar a problemes definits per supòsits més laxos).

L'estat del sistema el defineix el de cada màquina (buida o processant una operació especificada) i els conjunts d'operacions disponibles (cues) per a cada màquina. Una operació està disponible si (i) no té precedents i el temps (simulat: el valor de la variable *rellotge*) no és inferior al de r_j, on j és la feina de què forma part l'operació, o (ii) si s'han completat totes les operacions que la precedeixen. Els esdeveniments que modifiquen l'estat del sistema són: (i) l'arribada d'una feina (a r_j), que implica que les operacions d'aquesta feina que no tenen precedents s'incorporen a la cua de la màquina que els correspon; (ii) la compleció d'una operació, amb què la màquina queda lliure; si la compleció de l'operació implica que una altra o unes altres operacions ja no tenen precedents pendents d'execució, aquesta o aquestes operacions s'incorporen a la cua de la màquina que els correspon. Finalment, si les màquines disponibles tenen operacions a la seva cua, s'inicia l'execució de la més prioritària segons la regla de *dispatching*.

A la Taula 29 es mostra l'evolució del sistema en aplicar l'algorisme a l'Exemple 19, amb la regla de donar prioritat a l'operació de la feina amb més temps pendent (incloent el temps de processament de la mateixa operació). Els codis que hi figuren són de la forma Jk (pendent, p), on "J" és la lletra que identifica la feina, "k" és el número de l'operació en la feina, "pendent" és la suma dels temps de processament de l'operació "k" i de totes les de la mateixa feina que la segueixen i "p" és el temps de processament de l'operació "k". A les cues, la prioritat va de més a menys de dreta a esquerra, és a dir, l'operació més prioritària és la que hi

t	Cua màq. 1	M1		Cua màq. 2	M2		Cua màq. 3	M3	
0	–	–	–	**A1(12,3), B1(16,2)**	**D1(21,4)**	4	**E1(8,2)**	**C1(15,5)**	5
4	–	–	–	A1(12,3)	B1(16,2)	6	E1(8,2), D2(17,6)	C1(15,5)	5
5	–	**C2(10,7)**	12	A1(12,3)	B1(16,2)	6	E1(8,2)	D2(17,6)	11
6	**B2(14,5)**	C2(10,7)	12	–	A1(12,3)	9	E1(8,2)	D2(17,6)	11
9	B2(14,5)	C2(10,7)	12	–	–	–	E1(8,2), **A2(9,6)**	D2(17,6)	11
11	**D3(11,7)**, B2(14,5)	C2(10,7)	12	–	–	–	E1(8,2)	A2(9,6)	17
12	D3(11,7)	B2(14,5)	17	–	**C3(3,3)**	15	E1(8,2)	A2(9,6)	17
15	D3(11,7)	B2(14,5)	17	–	–	–	E1(8,2)	A2(9,6)	17
17	**A3(3,3)**	D3(11,7)	24	–	**B3(9,2)**	19	–	E1(8,2)	19
19	A3(3,3)	D3(11,7)	24	–	**E2(6,6)**	25	–	B4(7,7)	26
24	–	A3(3,3)	27	**D4(4,4)**	E2(6,6)	25	–	B4(7,7)	26
25	–	A3(3,3)	27	–	D4(4,4)	29	–	B4(7,7)	26
26	–	A3(3,3)	27	–	D4(4,4)	29	–	–	–
27	–	–	–	–	D4(4,4)	29	–	–	–
29	–	–	–	–	–	–	–	–	–

Taula 29. Aplicació d'un algorisme de dispatching *a l'Exemple 19, amb la regla de donar prioritat a l'operació corresponent a la feina amb més temps de processament pendent (inclòs el de la mateixa operació).*

figura més a la dreta. Per a cada màquina s'indica l'operació que està executant i l'instant en què la completarà. La columna *t* és el rellotge, que sempre avança a l'instant en què es produeix l'esdeveniment més pròxim en el temps (en l'exemple, com que es tracta d'un exemplar estàtic, es correspon amb el mínim dels temps en què les màquines completaran les operacions que estan duent a terme). Les operacions que passen a ser disponibles en cada un dels instants que marca el rellotge s'han fet ressaltar amb negreta. La Figura 24 mostra un diagrama de Gantt de la solució obtinguda.

En el Gantt de la Figura 25 es veu que, pel que fa a la màquina 3, la solució és immillorable, perquè no hi ha cap temps mort i, per tant, completa la darrera operació que li pertoca en l'instant 26. En canvi, la màquina 2, amb una càrrega de 24 unitats de temps, és la que determina el C_{max}, 29, perquè té un temps mort total de 5 unitats; la màquina 1, amb una càrrega total de 22 unitats de temps, no acaba fins a l'instant 27, perquè està inactiva durant els 5 primers períodes.

Això suggereix una regla de *dispatching* diferent (a la qual, per abreujar, anomenaren regla *R*), que té dues parts: (i) a la primera es consideren les operacions que una vegada acabades permetin activar una màquina inactiva; l'operació prioritària, entre totes les disponibles per a totes les màquines, és la que permet activar abans la màquina inactiva tal que la suma dels temps de processament de les operacions pendents que té assignades sigui més gran, en l'instant que es considera; en cas d'empat, l'operació de la feina amb més temps pendent, inclòs el de la mateixa operació; una vegada assignada l'operació prioritària, es reitera aquest procés amb aquelles operacions que permetin activar altres màquines (ii) completada la primera part de la regla, a la segona s'aplica la mateixa regla amb què abans hem obtingut la Taula 28.

t	**1**	**2**	**3**	**4**	**5**	**6**	**7**	**8**	**9**	**10**	**11**	**12**	**13**	**14**	**15**	**16**	**17**	**18**	**19**	**20**	**21**	**22**	**23**	**24**	**25**	**26**	**27**	**28**	**29**	**30**	**31**	**32**
M1						C	C	C	C	C	C	C	B	B	B	B	B	D	D	D	D	D	D	D	A	A	A					
M2	D	D	D	D	B	B	A	A	A				C	C	C			B	B	E	E	E	E	E	E	D	D	D	D			
M3	C	C	C	C	C	D	D	D	D	D	D	A	A	A	A	A	A	E	E	B	B	B	B	B	B	B						

Figura 25. Diagrama de Gantt corresponent a la solució obtinguda amb l'algorisme de dispatching *a l'Exemple 19, amb la regla de donar prioritat a l'operació corresponent a la feina amb més temps de processament pendent (inclòs el de la mateixa operació);* $C_{max} = 29$; $\sum C_j = 27 + 26 + 15 + 29 + 25 = 122$.

Amb aquesta regla *R*, el sistema evoluciona de la manera que es veu a la Taula 30. Per adaptar l'algorisme a la nova regla hauríem de tenir present, per a cada operació, l'operació una característica addicional: la màquina corresponent a l'operació següent de la mateixa feina i actualitzar el temps total de les operacions pendents a cada màquina. Tanmateix, en prescindirem, perquè, en l'Exemple 19, la primera part de la regla només s'aplica en l'instant inicial, en el qual l'única màquina inactiva és la 1 i només hi ha 2 operacions tals que la següent requereix la màquina 1: B1, que dura 2, i C1, que dura 5; per tant, l'operació prioritària és B1; a partir de

t	**Cua màq. 1**	**M1**		**Cua màq. 2**	**M2**		**Cua màq. 3**	**M3**	
0	–	–	–	**A1(12,3), D1(21,4)**	**B1(16,2)**	2	**E1(8,2)**	**C1(15,5)**	5
2	–	**B2(14,5)**	7	A1(12,3)	D1(21,4)	6	E1(8,2)	C1(15,5)	5
5	**C2(10,7)**	B2(14,5)	7	A1(12,3)	D1(21,4)	6	–	E1(8,2)	7
6	C2(10,7)	B2(14,5)	7	–	A1(12,3)	9	**D2(17,6)**	E1(8,2)	7
7	–	C2(10,7)	14	**E2(6,6), B3(9,2)**	A1(12,3)	9	–	D2(17,6)	13
9	–	C2(10,7)	14	E2(6,6)	B3(9,2)	11	**A2(9,6)**	D2(17,6)	13
11	–	C2(10,7)	14	–	E2(6,6)	17	**B4(7,7),** A2(9,6)	D2(17,6)	13
13	**D3(7,7)**	C2(10,7)	14	–	E2(6,6)	17	B4(7,7)	A2(9,6)	19
14	–	D3(7,7)	21	**C3(3,3)**	E2(6,6)	17	B4(7,7)	A2(9,6)	19
17	–	D3(7,7)	21	–	C3(3,3)	20	B4(7,7)	A2(9,6)	19
19	**A3(3,3)**	D3(7,7)	21	–	C3(3,3)	20	–	B4(7,7)	26
20	A3(3,3)	D3(7,7)	21	–	-	-	–	B4(7,7)	26
21	–	A3(3,3)	24	–	**D4(4,4)**	25	–	B4(7,7)	26
24	–	–	–	–	D4(4,4)	25	–	B4(7,7)	26
25	–	–	–	–	–	–	–	B4(7,7)	26
26	–	–	–	–	–	–	–	–	–

Taula 30. Aplicació d'un algorisme de dispatching a l'Exemple 19, amb la regla R.

l'instant inicial, la regla, de fet, resulta ser equivalent a la corresponent a la Taula 29 i la Figura 25.

El Gantt de la Figura 26, mostra la solució obtinguda, que és òptima perquè $C_{max} = 26$ (temps total de processament de la màquina 3).

El nombre de regles de *dispatching* que s'han proposat és molt elevat. Un article de 1977 (Panwalkar i Iskander, 1977) ja en recollia 113. Per tant, aquí només en comentem una selecció. Tot i que és obvi que unes regles són apropiades per a

t	1	2	3	4	5	6	7	8	9	10	11	12	13	14	15	16	17	18	19	20	21	22	23	24	25	26	27	28	29	30	31	32
M1			B	B	B	B	B	C	C	C	C	C	C	C	D	D	D	D	D	D	D	A	A	A								
M2	B	B	D	D	D	D	A	A	A	B	B	E	E	E	E	E	E	C	C	C		D	D	D	D							
M3	C	C	C	C	C	E	E	D	D	D	D	D	D	A	A	A	A	A	A	B	B	B	B	B	B	B						

Figura 26. Diagrama de Gantt corresponent a la solució obtinguda amb l'algorisme de dispatching, *amb la regla* R, *a l'Exemple 19;* $C_{max} = 26$; $\sum C_j = 24 + 26 + 20 + 25 + 17 = 112$.

uns criteris i no per a uns altres, no és possible determinar a priori quina és la millor regla de *dispatching*, simple o composta, per a un exemplar donat. Deixant de banda el possible ús de tècniques de calibratge per determinar el valor dels paràmetres en una regla composta, qüestió que queda fora de l'àmbit d'aquest text, s'ha de tenir en compte que el temps d'execució d'un algorisme de *dispatching* és molt breu, fins i tot per a exemplars reals de grans dimensions, per la qual cosa és factible, i aconsellable, fer ús, successivament, de totes les regles de *dispatching* que semblin raonables i retenir la millor solució obtinguda. A més, es poden aplicar algorismes d'optimització local.

Passem a enumerar i comentar algunes regles de *dispatching* simples:

- CP *Critical Path*
  Amb precedències generals, l'operació prioritària és la que inicia el camí més llarg en el graf de precedències. D'entrada, la longitud del camí es mesura en nombre d'operacions; però una extensió immediata és mesurar-la en el temps necessari per a dur-les a terme. Aleshores, en el cas que només hi ha precedències entre operacions d'una mateixa feina i aquestes precedències determinen un ordre únic de les operacions de la feina, aquesta regla coincideix amb la primera aplicada a l'Exemple 18 (Taula 25 i Figura 24): temps pendent, més gran, inclòs el de la mateixa operació. Per tal d'acabar com més aviat millor.

- EDD *Earliest Due Date*
  Prioritat a l'operació de la feina amb d_j menor. Per intentar evitar retards.

- ERD *Earliest Release Date*
  Prioritat a l'operació de la feina amb r_j menor. Per reduir la dispersió dels temps d'estada de les feines en el sistema.

- LNS *Largest Number of Successors*
  Amb precedències generals, l'operació prioritària és la que té més operacions successores. En el cas que només hi ha precedències entre operacions d'una mateixa feina i aquestes precedències determinen un ordre únic de les operacions de la feina, el nombre d'operacions successores és el nombre d'operacions de la feina que quedaran pendents quan s'hagi completat l'operació prioritària (aleshores la regla és equivalent a la versió original de la CP, en què la longitud del camí és el nombre d'operacions). S'intenta acabar com més aviat millor.

- LPT *Longest Processing Time*
  Prioritat a l'operació amb el temps de processament més llarg. Com que les operacions que requereixen un temps de processament llarg són les més difícils de col·locar en el programa, prioritzar-les facilita que s'acabi com més aviat millor.

- MS *Minimum Slack*
  Slack és el marge, el temps que faltarà per arribar a la data compromesa d_j quan s'hagi completat l'operació en el supòsit que s'inicia en l'instant de referència. Tendeix a evitar retards.

- SIRO *Service in Random Order*
  La tasca prioritària és la que determina un sorteig. Evidentment, això no afavoreix ni desfavoreix cap tipus de solució; només és una manera de generar solucions diferents, per tal de retenir la millor segons el criteri d'optimització. L'experiència demostra que aplicar un algorisme de tipus GRASP dóna generalment millors resultats que refiar-se de l'atzar pur, com amb SIRO.

- SPT *Shortest Processing Time*
  L'operació prioritària és la de menor temps de processament. Aquesta regla pot ser apropiada per a les primeres fases de l'execució de l'algorisme de *dispatching*, perquè tendeix a evitar temps morts en algunes màquines. Tanmateix, si s'aplica fins al final de l'algorisme, les operacions llargues queden per a les darreres iteracions, quan les màquines estan molt carregades, i pot generar programes amb temps de compleció elevats.

- SST *Shortest Setup Time*
  La tasca prioritària és la que té menor temps de preparació, amb temps de preparació dependents de la seqüència. Tendeix a reduir els temps de com-

pleció, especialment si els temps de preparació són grans en relació amb els de processament.

- SQNO *Shortest Queue at the Next Operation*
  L'operació prioritzada és tal que la següent de la mateixa feina anirà a la cua més curta entre les de les diverses màquines. La diguem-ne longitud de la cua es pot mesurar amb el nombre d'operacions que conté o amb el temps total necessari per processar-les. L'última operació d'una feina té la prioritat més baixa. La primera part de la regla *R* descrita més amunt es pot considerar com una variant de SQNO; d'una altra banda, per a l'Exemple 18, el *dispatching* amb SQNO dóna la mateixa evolució (Taula 26) i el mateix resultat (Figura 25) que la regla *R*.

Podeu trobar una discussió més extensa sobre les regles de *dispatching* a Framinan *et al.* (2014).

CAPÍTOL 6

PROBLEMES *FJ*

Els problemes *FJ* (*job-shop* flexible: *fJSP*) es distingeixen dels *J* (*job-shop*: *JSP*) pel fet que hi ha operacions amb dues o més màquines capaces de dur-les a terme. És a dir cada operació té associat un conjunt de màquines que la poden executar en uns temps de processament en general diferents.

És clar que aquests problemes són encara més difícils que els *J*, perquè s'ha de decidir a quina màquina s'assigna cada operació. Podem dir, per tant, que combinen dos problemes: el d'assignar les operacions a les màquines i el de determinar-ne la seqüència.

Això dóna lloc a dos enfocaments per resoldre els *FJ*:

- Jeràrquic: amb algorismes de dues fases en què a la primera s'assignen les operacions a les màquines i a la segona es resol el JSP *job-shop* que s'obté com a resultat de la primera fase (cfr. 5).

- Integrat: les decisions d'assignació i les relatives a la seqüència són determinades per l'algorisme a mesura que la lògica d'aquest ho estableix, però sense que totes les d'un tipus precedeixin les de l'altre tipus.

Quant als algorismes jeràrquics, el resultat de la segona fase està molt condicionat pel de la primera i, per tant, si s'utilitza un algorisme ràpid, tant per a la primera com per a la segona fase, convé dur a terme execucions diverses amb criteris diferents per a l'assignació de màquines (per exemple, equilibrar en la mesura possible el temps total d'execució o bé el nombre d'operacions assignades a les màquines).

De tota manera, en general podem esperar millors resultats dels algorismes integrats. Els més senzills són una extensió dels de *dispatching*, descrits en el punt 5.2.2. En els problemes de *job-shop*, cada vegada que queda lliure una màquina s'ha de decidir quina operació es comença a executar, entre les que hi ha a la cua de la màquina; si en un instant determinat queden lliures dues o més màquines això no genera cap dificultat especial, perquè les operacions només estan en una cua. En els *FJ*, en canvi, les màquines que queden lliures poden tenir operacions disponibles comunes; aleshores, així com en un *JSP* s'ha de prioritzar una operació de cada cua, en els *FJ* s'ha de prioritzar un parell màquina-operació. Això es pot fer de maneres molt diverses: es pot elegir primer la màquina i després l'operació o viceversa, o elegir directament el parell màquina-operació, i les regles per fer aquestes eleccions poden ser simples o compostes i, en aquest cas, la composició pot ser jeràrquica o mitjançant una fórmula.

Les regles de *dispatching* enumerades a 5.2.2 es refereixen a operacions. Quant a les màquines, es pot donar prioritat, per exemple, a la que tingui menys càrrega pendent o a la que pugui tornar a quedar disponible abans.

Les regles de prioritat aplicades en els algorismes de *dispatching*, tanmateix, responen generalment a la idea d'acabar com més aviat millor o acabar sense retards, però sense adaptacions no trivials no poden tractar adequadament els problemes *just in time*, és a dir, aquells en què hi ha un cost o una penalització tant per avançar-se com per retardar-se en relació amb la data compromesa (d_j), ni aquells en què hi ha costos que depenen de de la màquina (si n'hi ha més d'una) i del moment en què s'executa l'operació.

Finalment, els algorismes considerats fins aquí assumeixen que totes les màquines estan disponibles des de l'instant inicial, cosa difícilment compatible amb múltiples situacions reals, en les quals es programen activitats quan encara estan pendents d'execució, iniciades o no, algunes de les programades anteriorment, que poden incloure les de manteniment de les màquines.

Considerem un problema *FJ* (l'ordre de les operacions de cada feina està predeterminat, les operacions poden fer-se en una o més màquines), amb les característiques addicionals següents:

- Cada màquina té un conjunt de períodes en què no està disponible.
- El cost de fer una operació depèn de la màquina i dels períodes en què s'executa.
- Cada feina té una data compromesa i hi ha costos associats als avançaments i als retards en relació amb aquesta data.
- L'objectiu és minimitzar els costos totals (d'execució d'operacions i de desviació en relació amb les dates compromeses).

El problema definit així és un model de moltes situacions reals i, òbviament, és molt difícil de resoldre. De fet, fins on nosaltres sabem, només ha estat tractat a González (2014). L'algorisme que s'hi proposa s'inicia amb una ordenació de les feines que té en compte llurs dates compromeses i els costos de fer llurs operacions. A continuació s'executen *n* iteracions, en cada una de les quals, per l'ordre establert prèviament, es tracta una feina, és a dir, es programen òptimament les seves operacions, a partir de l'estat del sistema que han configurat les iteracions anteriors. Per programar les operacions es determina el camí òptim en un graf polietàpic amb un vèrtex d'entrada i un vèrtex de sortida i tantes etapes intermèdies com operacions comprengui la feina; en les etapes intermèdies els vèrtexs corresponen a instants. Els arcs, excepte els que van de l'etapa penúltima a la final (en la qual només hi ha el vèrtex de sortida), corresponen a parelles operació-màquina i van des del vèrtex d'una etapa, que correspon (excepte en el cas del vèrtex d'entrada) a l'instant d'inici del processament de l'operació, fins al vèrtex de l'etapa següent, que correspon a la seva compleció (per tant, els arcs corresponents a la primera operació van del vèrtex d'entrada a un vèrtex de la segona etapa i els de l'operació k –amb $k > 1$– van de l'etapa k a la $k + 1$) i tenen associat un cost que és el de l'execució de l'operació en la màquina i en els períodes de temps corresponents. Els vèrtexs de la penúltima etapa corresponen a instants de compleció de la darrera operació de la feina (i, per tant, de compleció de la feina) i el cost dels arcs que van des d'aquests vèrtexs al vèrtex de sortida és el d'avançament o de retard en relació amb la data compromesa. El camí de cost mínim entre el vèrtex d'entrada i el de sortida determina, respectant la disponibilitat de les màquines que resulta de les iteracions anteriors, la programació òptima de les operacions de la feina, la qual condiciona la programació de les operacions en les iteracions següents. Canvis en l'ordenació inicial de les feines impliquen, en general, canvis en la programació, la qual cosa suggereix la possibilitat de cercar un òptim local en relació amb l'ordenació de les feines.

Un cas particular, que té rellevància industrial, dels problemes *FJ* és el *hybrid flow shop*, és a dir un problema de *flow-shop* en què, en comptes d'haver-hi una única màquina en cada etapa, n'hi pot haver més d'una (*FFc*, punt 1.4). Al respecte: Ribas *et al.* (2010) i Ruiz i Vázquez-Rodríguez (2010).

Capítol 7

UNA VISIÓ PERSPECTIVA

Potts i Strusevich, l'any 2008, varen fer una presentació en el 50è congrés de *l'Operational Research Society* que posteriorment es va publicar com a article (Potts i Strusevich, 2009). El seu treball ofereix una perspectiva històrica, basada en una divisió temporal en dècades, les fronteres de les quals els mateixos autors admeten que s'han d'interpretar flexiblement, de l'evolució de l'*scheduling* des de l'article de Johnson (1954). Aquest punt 7 és una síntesi comentada de l'article de Potts i Strusevich (de 7.1 a 7.5, ambdós inclusivament; a 7.6 també es recull part del contingut d'aquest article, però inclou opinions pròpies).

7.1. Primera dècada (1954-1965): anàlisi combinatòria

Es demostren teoremes i es dissenyen algorismes a partir de l'anàlisi de les propietats de les solucions òptimes. Els primers anys apareixen articles fonamentals: Johnson (1954), Jackson (1955), Jackson (1956), Smith (1956). Poc després del final de la dècada es publica el primer llibre monogràfic sobre *scheduling* (Conway *et al.*, 1967), en el qual es proposa el codi de quatre camps per identificar els tipus de problemes.

7.2. Segona dècada (1965-1975): *branch and bound*

Tenen lloc desenvolupaments diversos relatius al *flow-shop* (fites longitudinals i transversals, algorismes de *branch and bound*) i al *job-shop*. En aquesta època s'intenta resoldre òptimament problemes no resolts amb els enfocaments propis de la dècada anterior. Però el balanç és poc satisfactori: els problemes abordats només es poden resoldre en temps de càlcul raonables si es tracta d'exemplars de petites dimensions. Apareix un nou llibre de referència (Baker, 1974).

7.3. Tercera dècada (1975-1985): complexitat i classificació

Potts i Strusevich consideren que la tercera dècada (1975-1985) és la més important en la història de l'*scheduling* i que es caracteritza per la teoria de la complexitat d'algorismes i de problemes i per la publicació de la proposta de classificació i codificació de Graham *et al.* (1979). Secundàriament, per la formalització de nous problemes i nous intents d'aplicació de la programació matemàtica. La classificació de Graham *et al.* (1979) millora sensiblement la de Conway *et al.* (1967). Com altres d'aquest tipus (per exemple, la dels sistemes de cues) permet identificar els problemes d'una manera compacta i precisa, amb tots els avantatges que això implica; però té l'inconvenient, no atribuïble a la classificació, sinó a les persones que en fan un mal ús, que facilita, mitjançant la combinació de característiques, la generació de problemes inèdits que poden no tenir cap connexió amb el món diguem-ne real.

Quant a la teoria de la complexitat, es desenvolupa quan recerques anteriors han mostrat que el temps necessari per resoldre la majoria de problemes d'optimització combinatòria creix exponencialment amb la dimensió dels exemplars. Això suscita la qüestió de si aquesta dificultat és deguda a la insuficiència dels algorismes disponibles o és una propietat intrínseca dels problemes i la teoria de la complexitat la respon amb una classificació dels problemes de decisió: *P*, *NP*, *NP–complets* i altres, la qual, si simplifiquem, porta a una classificació dels problemes d'optimització combinatòria en fàcils i difícils, és a dir, els que es poden resoldre en temps polinomial i els que tot sembla indicar que no es pot.

7.4. Quarta dècada (1985-1995): solucions aproximades

Es desenvolupen metaheurístiques i procediments d'optimització local. Apareixen nous llibres de referència, dels quals el que finalment té més èxit és el de Pinedo (Pinedo, 2012), la primera edició del qual és de 1995.

7.5. Cinquena dècada (des de 1995): fragmentació

L'any 1995 es publica el primer número de la revista *Journal of Scheduling*.

Aquests darrers anys no es detecta una línia predominant. Apareixen publicacions sobre *scheduling on-line*, programació amb formació de lots, *scheduling* a la cadena de subministrament (*supply chain*), problemes amb disponibilitat limitada de les màquines, i programació d'enlairaments i aterratges d'avions.

I hi podem afegir: seqüències regulars, problemes sense esperes o sense *buffers*, temps de processament dependents del temps o de la posició de la feina en el programa d'activitats (per deteriorament o per aprenentatge). I, clarament, problemes multi-objectiu, en alguns casos per esgotament de la recerca sobre el problema amb un objectiu únic.

I també ús cada vegada més freqüent de la programació matemàtica per a resoldre els problemes de *scheduling*.

7.6. Comentaris i perspectives

La teoria de la complexitat ha tingut un paper clau en el desenvolupament de l'*scheduling*, perquè va legitimar les heurístiques com a eina de resolució dels problemes. En efecte, en moltes publicacions sobre problemes d'optimització combinatòria reconeguts com a difícils s'invoca la teoria de la complexitat com a justificació de la renúncia a intentar resoldre'ls de forma exacta i passar sense més discussió a proposar procediments heurístics. Ara bé, que el temps per resoldre un exemplar d'un problema, en el pitjor dels casos, creixi exponencialment amb la dimensió no implica que no es puguin resoldre en temps acceptables exemplars de dimensions suficients a la pràctica en la indústria o en els serveis. I, de fet, actualment, després que s'hagi desenvolupat programari comercial molt eficient per resoldre models de programació matemàtica, l'ús d'aquests models pot ser en molts casos l'opció més apropiada, com hem mostrat en alguns apartats anteriors, tant pel que fa a la qualitat de les solucions com en relació amb el temps i l'esforç necessari per posar a punt el procediment de resolució[25].

Tanmateix, les heurístiques segueixen proliferant, tot i que, de vegades, el que es presenta com una heurística nova no és sinó una variant d'una d'anterior o fins i tot coincideix amb una d'anterior, amb una terminologia diferent. El fet que es publiquin treballs que presenten com a nova una heurística coneguda és possible, deixant de banda les fallades del procediment de revisió de les revistes, per l'ús de terminologies que donen aparença de nou a allò que els autors de la pseudonova proposta haurien de saber o potser saben que ja s'havia publicat abans. En particular, això succeeix amb les heurístiques o metaheurístiques denominades bioinspirades, en les quals la inspiració parteix de la descripció del suposat comportament, suposadament òptim, d'algun tipus d'ésser viu, real o fins i tot imaginari (formigues, abelles, estols d'ocells o de peixos, paneroles o elefants voladors, posem per cas); l'algorisme, aleshores es dissenya de manera que, suposadament, imiti el comportament descrit. Els darrers anys ha començat a prendre força una reacció contrària a aquesta moda (Sörensen, 2015), que de moment no sembla haver tingut cap efecte.

Una qüestió vinculada a l'anterior, i que com ella no és exclusiva de l'àmbit de l'*scheduling*, però que té molta rellevància per si mateixa és la fiabilitat dels experiments computacionals amb què es comparen els comportaments dels algorismes. Aquest no és el lloc per discutir-la a fons, però les preocupacions que suscita es poden resumir en les dues següents: (i) Fins a quin punt l'experiment és concloent (és a dir, fins a quin punt les dades usades són representatives i fins a quin punt les diferències de comportament posades de manifest en l'experiment són estadísticament significatives)? (ii) Fins a quin punt ens podem refiar que els resultats que es presenten corresponen a la realitat, el qual dubte està lligat a la possibilitat de reproduir els resultats de l'experiment? Al respecte: Kendall *et al.* (2016).

---

[25] Ku i Beck (2016) diuen que *"In both industry and the research literature, mixed integer programming (MIP) is often the default approach for solving scheduling problems."* I també *que "Mixed Integer Programming (MIP) has been widely applied to scheduling problems and it is often the initial approach to attack a new scheduling problem"*. No fa gaires anys que aquestes afirmacions s'haurien considerat extravagants per la immensa majoria d'especialistes en *scheduling* i ara mateix segurament no tothom les subscriuria (de fet, els models de programació matemàtica tenen molt poca presència, si en tenen cap, en la major part de textos docents sobre *scheduling*).

I cap on hauria d'evolucionar aquesta disciplina?

- Caldria seguir omplint el buit, encara molt gran, entre la teoria i la realitat.

- Convindria disposar d'una classificació més fina de la complexitat dels algorismes i dels problemes.

- Res no fa preveure un salt en les prestacions del programari comercial per resoldre programes matemàtics com el que va tenir lloc cap al final del segle passat (quan tampoc res no ho feia preveure). En canvi, pensem que és versemblant un ús creixent de matheurístiques.

REFERÈNCIES

Baker, K.R. (1974) *Introduction to Sequencing and Scheduling*. Wiley, New York.

Beasley, J.E., Sonander, J., Havelock, P. (2001) Scheduling aircraft landings at London Heathrow using a population heuristic. *Journal of the Operational Research Society*, 52, 483-493. http://dx.doi.org/10.1057/palgrave.jors.2601129

Benavides, A.J., & Ritt, M. (2016). Two simple and effective heuristics for minimizing the makespan in non-permutation flow shops. *Computer & Operations Research*, 66, 160-169. http://dx.doi.org/10.1016/j.cor.2015.08.001

Brucker, P., Heitmann, S., & Hurinck, J. (2003). How useful are preemptive schedules? *Operations Research Letters*, 31, 129-136. http://dx.doi.org/10.1016/S0167-6377(02)00220-1

Campbell, H.G., Dudeck, R.A., & Smith, M.L. (1970). A Heuristic Algorithm for the *n* Job *m* Machine Scheduling Problem". *Management Science*, 16, B-630-637. http://dx.doi.org/10.1287/mnsc.16.10.B630

Companys, R. (1966). Métodos heurísticos en la resolución del problema del taller mecánico. *Estudios Empresariales*, 5 (2), 7-18.

Companys, R. (1999). Note on an improved branch-and-bound algorithm to solve n/m/P/Fmax problems. *TOP*, 7(1), 25-31. http://dx.doi.org/10.1007/BF02564710

Companys, R. (2003). *Programación de proyectos y de taller. Equilibrado y secuenciación de líneas*. Publicacions d'Abast, Barcelona.

Conway, R.W., Maxwell, W.L., & Miller, L.W. (1967). *Theory of Scheduling*. Addison – Wesley, Reading, MA.

Corominas, A., & Pastor, R. (2009). Scheduling production of multiple part-types in a system with preknown demands and deterministic inactive time intervals. *European Journal of Operational Research*, 193(2), 639-643. http://dx.doi.org/10.1016/j.ejor.2008.01.033

Corominas, A., & Pastor, R. (2011). Designing greedy algorithms for the flowshop problem by means of Empirically Adjusted Greedy Heuristics (EAGH). *Journal of the Operational Research Society*, 62(9), 1704-1710. http://dx.doi.org/10.1057/jors.2010.131

Dannenbring, D.G. (1977). An Evaluation of Flow Shop Sequencing Heuristics. *Management Science,* 23(11), 1174-1182. http://dx.doi.org/10.1287/mnsc.23.11.1174

Fernandez-Viagas, V., & Framinan, J.M. (2015). A new set of high-performing heuristics to minimize flowtime in permutation flowshops. *Computers & Operations Research*, 53, 68-80. http://dx.doi.org/10.1016/j.cor.2014.08.004

Fernandez-Viagas, V., Ruiz, R., & Framinan, J.M. (2016) A new vision of approximate methods for the permutation flowshop to minimise makespan: state-of-the-art and computational evaluation. *European Journal of Operational Research.* http://dx.doi.org/10.1016/j.ejor.2016.09.055

Framinan, J.M, Leisten, R., & Ruiz García, R. (2014). *Manufacturing Scheduling Systems: An Integrated View on Models, Methods and Tools*. Springer. http://dx.doi.org/10.1007/978-1-4471-6272-8

Framinan, J.M., & Ruiz, R. (2010). Architecture of manufacturing scheduling systems: Literature review and an integrated proposal. *European Journal of Operational Research*, 205(2), 237-246. http://dx.doi.org/10.1016/j.ejor.2009.09.026

Gantt, H.L. (1913). *Work, Wages, and Profits, 2nd edn. Revised and enlarged.* Works Management Library, The Engineering Magazine Co., New York.

Giglio, R.J., & Wagner, H.M. (1964). Approximate Solutions to the Three-Machine Scheduling Problem. *Operations Research* 12(2), 305-324. http://dx.doi.org/10.1287/opre.12.2.305

González, N.A. (2014). Resolución del problema de flujo general flexible con fechas comprometidas y costes dependientes del intervalo de realización de las operaciones. Tesi doctoral dirigida per A. Corominas i R. Pastor. Universitat Politècnica de Catalunya.

Gonzalez, T., & Sahni, S. (1976). Open shop scheduling to minimize finish time. *Journal of the Association for the Computing Machinery*, 23(4), 665-679. http://dx.doi.org/10.1145/321978.321985

Graham, R.L., Lawler, E.L., Lenstra, J.K., & Rinnooy Kan, A.H.G. (1979). Optimization and approximation in deterministic sequencing and scheduling: A survey. *Annals of Discrete Mathematics*, 5, 287-326. http://dx.doi.org/10.1016/S0167-5060(08)70356-X

Ignall, E., & Schrage, L. (1965). Application of the branch and bound technique to some flow-shop scheduling problems. *Operations Research*, 13, 400-412. http://dx.doi.org/10.1287/opre.13.3.400

Jackson, J.R. (1955). *Scheduling a Production Line to Minimize Maximum Tardiness.* Research Report 43, Management Science Research Project, University of California, Los Angeles.

Jackson, J.R. (1956). An Extension of Johnson's Results on Job Lot Scheduling. *Naval Research Logistics Quarterly*, 3, 201-203. http://dx.doi.org/10.1002/nav.3800030307

Johnson, S.M. (1954). Optimal two- annd three-stage production schedules with setup times included. *Naval Research Logistics Quarterly*, 1, 61-68. http://dx.doi.org/10.1002/nav.3800010110

Keha, A.B., Khowala, K., & Fowler, J.W. (2009). Mixed integer programming formulations for single machine scheduling problems. *Computers & Industrial Engineering*, 56, 357-367. http://dx.doi.org/10.1016/j.cie.2008.06.008

Kendall, G., Bai, R., Blazewicz, J., De Causmaecker, P., Gendreau, M., John, R., Li, J., McCollum, B., Pesch, E., Qu, R., Sabar, N., Vanden Berghe, G., & Yee, A. (2016). Good Laboratory Practice for optimization research. *Journal of the Operational Research Society*, 67, 676-689. http://dx.doi.org/10.1057/jors.2015.77

Kooli, A., & Serairi, M. (2014). A mixed integer programming approach for the single machine problem with unequal release dates. *Computers & Operations Research*, 51, 323-330. http://dx.doi.org/10.1016/j.cor.2014.06.013

Ku, W.-Y., & Beck, J.C. (2016). Mixed Integer Programming Models for Job Shop Scheduling: A Computational Analysis. *Computers & Operations Research.* http://dx.doi.org/10.1016/j.cor.2016.04.006

Lawler, E.L., & Labetoulle, J. (1978). On Preemptive Scheduling on Unrelated Parallel Processors by Linear Programming. *Journal of the Association for the Computing Machinery*, 25(4), 612-619. http://dx.doi.org/10.1145/322092.322101

Lawler, E.L., Lenstra, J.K., Rinnooy Kan, A.H.G., & Shmoys, D.B. (1985). The Traveling Salesman Problem: A Guided Tour of Combinatorial Optimization. John Wiley & Sons.

Little, J.D.C. (1961). A Proof for the Queuing Formula: L = λW. *Operations Research* 9(3), 383–387. http://dx.doi.org/10.1287/opre.9.3.383

Lomnicki, Z.A. (1965). A 'branch-and-bound' algorithm for the exact solution of the three machine scheduling problem. *Operational Research Quarterly*, 16, 89-100. http://dx.doi.org/10.1057/jors.1965.7

Moore, J.M. (1968). An *n* job, one machine sequencing algorithm for minimizing the number of late jobs. *Management Science*, 15, 102-109.

Nawaz, M., Enscore Jr., E.E., & Ham, I. (1983). A Heuristic Algorithm for the m-machine, n-job Flowshop Sequencing Problem. *Omega – the International Journal of Management Science*, 11, 91-95. http://dx.doi.org/10.1016/0305-0483(83)90088-9

Palmer, D.S. (1965). Sequencing Jobs Through a Multi-Stage Process in the Minimum Total Time – A Quick Method to Obtain a Near Optimum. *Operational Research Quarterly*, 16, 101-107. http://dx.doi.org/10.1057/jors.1965.8

Panwalkar, S.S., & Iskander, W. (1977). A Survey of Scheduling Rules. *Operations Research*, 25, 45-61. http://dx.doi.org/10.1287/opre.25.1.45

Pastor, R., & Corominas, A. (2004). Branch and Win: OR tree search algorithms for solving combinatorial optimisation problems. *TOP* 12, 1, 169-191. http://dx.doi.org/10.1007/BF02578930

Pinedo, M. (2012). *Scheduling. Theory, Algorithms, and Systems*. 4th edition. Springer, New York.

Potts, C.N., & Strusevich, V.A. (2009). Fifty years of scheduling: a survey of milestones. *Journal of the Operational Research Society*, 60, S41-S68. http://dx.doi.org/10.1057/jors.2009.2

Ribas, I., Leisten, R., & Framiñan, J. (2010). Review and classification of hybrid flow shop scheduling problems from a production system and a solutions procedure perspective. *Computers & Operations Research*, 37(8), 1439-1454. http://dx.doi.org/10.1016/j.cor.2009.11.001

Ríos-Mercado, R. Z., & Ríos-Solís, Y. A. (2012). *Just-in-Time Systems*. Springer, New York. http://dx.doi.org/10.1007/978-1-4614-1123-9

Romero-Silva, R., Santos, J., & Hurtado, M. (2015). A framework for studying practical production scheduling. *Production Planning & Control*, 26(6), 438-450. http://dx.doi.org/10.1080/09537287.2014.919413

Ruiz, R., & Vázquez-Rodríguez, J.A. (2010). The hybrid flow shop scheduling problem. *European Journal of Operational Research*, 205, 1-18. http://dx.doi.org/10.1016/j.ejor.2009.09.024

Smith, W.E. (1956). Various Optimizers for Single Stage Production. *Naval Research Logistics Quarterly*, 3, 59-66. http://dx.doi.org/10.1002/nav.3800030106

Sörensen, K. (2015). Metaheuristics–the metaphor exposed. *International Transactions in Operational Research*, 22, 3–18. http://dx.doi.org/10.1111/itor.12001

Stafford Jr., E.F., Tseng, F.T., & Gupta, J.N.D. (2005). Comparative evaluation of MILP flowshop models. *Journal of the Operational Research Society*, 56, 88-101. http://dx.doi.org/10.1057/palgrave.jors.2601805

Unlu, Y., & Mason, S.J. (2010). Evaluation of mixed integer programming formulations for non-preemptive parallel machine-scheduling problems. *Computers & Industrial Engineering*, 58, 785-800. http://dx.doi.org/10.1016/j.cie.2010.02.012

ANNEX: DEMOSTRACIONS

Demostració 1: Regla SPT per al cas $1||\sum C_j$

Com que :

$$C_{[1]} = p_{[1]},\ C_{[2]} = C_{[1]} + p_{[2]} = p_{[1]} + p_{[2]},\ C_{[3]} = C_{[2]} + p_{[3]} = p_{[1]} + p_{[2]} + p_{[3]}, \ldots,$$

$$C_{[n]} = C_{[n-1]} + p_{[n]} = p_{[1]} + p_{[2]} + p_{[3]} + \ldots + p_{[n-1]} + p_{[n]}$$

$$\sum_{j=1}^{n} C_{[j]} = n \cdot p_{[1]} + (n-1) \cdot p_{[2]} + \ldots (n-h+1) \cdot p_{[h]} + \ldots + p_{[n]}$$

Vegem a continuació que una solució que no respecta la regla SPT no pot ser òptima. Si no respecta SPT hi ha d'haver dues feines en posicions h i $h+1$ tals que $p_{[h]} = \tau + \varepsilon > p_{[h+1]} = \tau$ (amb $\varepsilon > 0$). La contribució d'aquestes dues feines a la funció objectiu és:

$$(n-h+1) \cdot (\tau + \varepsilon) + (n-h) \cdot \tau$$

mentre que si les dues feines intercanvien les posicions la contribució és:

$$(n-h+1) \cdot \tau + (n-h) \cdot (\tau + \varepsilon)$$

Com que la diferència entre la primera i la segona d'aquestes expressions és ε (> 0) la solució que no respecta SPT no pot ser òptima.

Alternativament, la demostració es pot basar en la propietat que la suma $\sum_{h=1}^{n} a_{[h]} \cdot b_{[h]}$ es minimitza ordenant els valors a, per exemple, en ordre no creixent i els b en ordre no decreixent (aquesta propietat es demostra fàcilment amb un argument d'intercanvi anàleg al de la demostració suara exposada). En el nostre cas, el paper de les a el fa la successió n, $n-1$, ..., 1 i el de les b, les p_j que, per tant, han de constituir una successió no decreixent.

Demostració 2: Regla WSPT per al cas $1 | w_j | \sum w_j \cdot C_j$

Considerem una seqüència S amb dues feines adjacents, siguin j i h, en aquest ordre a la seqüència, que no respecten la regla WSPT (es molt fàcil comprovar que si una seqüència no respecta WSPT, hi ha d'haver dues feines adjacents que no la respecten); és a dir, $p_j / w_j > p_h / w_h$. Demostrarem a continuació que si intercanviem les posicions d'aquests dues feines, i obtenim així una nova seqüència S', la funció objectiu millora, per la qual cosa S no pot ser òptima.

Sigui t l'instant en què s'inicia el processament de j a S (Figura 27). Aleshores, a S, $C_j = t + p_j$ i $C_h = t + p_j + p_h$, mentre que, a S', $C_h = t + p_h$ i $C_j = t + p_h + p_j$. La diferencia entre les contribucions de j i h a la funció objectiu a S i a S' es:

$$w_h \cdot p_j - w_j \cdot p_h,$$

que és > 0 perquè $p_j / w_j > p_h / w_h$

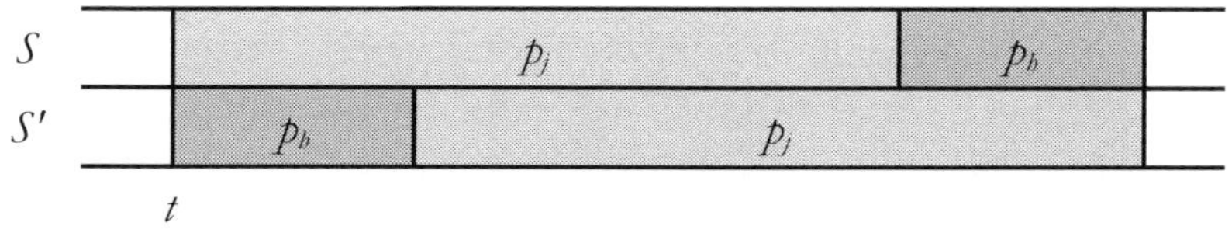

Figura 27. Dues seqüències, S i S', que difereixen en l'ordre de dues feines consecutives.

Demostració 3: Regla EDD per al cas $1 || L_{\max}$, $1 || T_{\max}$

Considerem una seqüència S en què dues feines adjacents, siguin j i h, en aquest ordre a la seqüència, no respecten la regla EDD (es molt fàcil comprovar que si una seqüència no respecta EDD, hi ha d'haver dues feines adjacents que no la respecten), és a dir, $d_j > d_h$. I la seqüència S' que resulta d'intercanviar les posicions de j i h (Figura 27).

Aleshores:

$$L_j = t + p_j - d_j,$$

$$L_h = t + p_j + p_h - d_h;$$

per tant

$$L_h > L_j,$$

ja que

$$L_h - L_j = p_j + (d_j - d_h) > 0$$

$$L'_j = t + p_h + p_j - d_j,\ L'_h = t + p_h - d_h$$

D'on:

$$L_h - L'_j = (t + p_j + p_h - d_h) - (t + p_h + p_j - d_j) = d_j - d_h > 0 \quad \Rightarrow \quad (L_h > L'_j)$$

$$L_h - L'_h = (t + p_j + p_h - d_h) - (t + p_h - d_h) = p_j > 0 \quad \Rightarrow \quad (L_h > L'_h)$$

Sigui

$$L = \max_{k \neq j,h} L_k;$$

aleshores:

$$L_{\max} = \max(L, L_j, L_h)$$

i, també, atès que

$$L_h > L_j,$$

$$L_{\max} = \max(L, L_h);$$

$$L'_{\max} = \max(L, L'_j, L'_h),$$

d'on:

$$L_{\max} = \max\left(L, L_j, L_h\right) = \max(L, L_h) \geq L'_{\max} = \max(L, L'_j, L'_h)$$

Demostració 4: Regla SPT per al cas $Pm||\sum C_j$

Farem ús de la propietat, ja considerada a la demostració 1 d'aquest annex, que la suma $\sum_{h=1}^{n} a_{[h]} \cdot b_{[h]}$ es minimitza ordenant els valors a, per exemple, en ordre no creixent i els b en ordre no decreixent.

Suposem, sense pèrdua de generalitat (perquè, si cal, podem afegir feines fictícies amb temps de processament igual a 0) que n és múltiple de m, és a dir, $n = l \cdot m$, on l és un enter positiu. Sigui el que sigui l'ordre de les feines, si les assignem successivament i rotativament a les màquines, a cada màquina n'hi correspondran l. Els temps de processament de les que ocupin la 1ª posició comptaran l vegades en el còmput de $\sum C_j$; els de les que ocupin la 2 posició, $l - 1$ vegades i així successivament, fins que els temps de processament de les que ocupin la darrera posició a cada màquina (és a dir, la l-èsima posició, comptaran només una vegada). Per tant:

$$\sum C_j = l \cdot \sum_{h=1}^{m} p_{[h]} + (l-1) \cdot \sum_{h=1 \cdot m+1}^{2m} p_{[h]} + (l-2) \cdot \sum_{h=2 \cdot m+1}^{3m} p_{[h]} \cdots + 1 \cdot \sum_{h=(l-1) \cdot m+1}^{l \cdot m} p_{[h]}$$

Aleshores, si la successió amb m vegades l, m vegades $l - 1$, etc. fa el paper de les a en la propietat esmentada i el de les b el fan les p_j, aquestes han de constituir una successió no decreixent. Ara només caldria demostrar, i es deixa com a exercici, que, donada una solució SPT en què el nombre de feines no sigui el mateix a totes les màquines, se'n pot trobar una altra no pitjor en què sigui el mateix.

AUTORS

Albert Corominas és catedràtic d'universitat emèrit d'enginyeria d'organització a la Universitat Politècnica de Catalunya (UPC), en la qual està vinculat a l'Institut d'Organització i Control, al departament d'Organització d'Empreses i a l'E. T. S. d'Enginyeria Industrial de Barcelona. És enginyer industrial i doctor enginyer industrial per la Universidad de Valladolid i llicenciat en informàtica per la Universidad Politécnica de Madrid. La seva activitat de recerca es centra en la modelització i la resolució, mitjançant tècniques d'optimització, de problemes d'enginyeria d'organització i en el desenvolupament de conceptes i metodologia per al disseny de les *supply chains*. Ha participat en nombrosos projectes de recerca i de transferència. És autor o coautor de llibres i d'articles publicats a AoOR, C&IE, C&OR, EJOR, IJFMS, IJPE, IJPR, INFOR, Interfaces, JoSh, JORS, Omega i ORL, entre altres revistes. És membre del grup de recerca EOLI, de diverses societats científiques i de consells editorials, entre els quals el de l'International Journal of Production Research. (http://futur.upc.edu/AlbertCorominasSubias)

Amaia Lusa és professora titular d'universitat del departament d'Organització d'Empreses de la Universitat Politècnica de Catalunya (UPC). És enginyera en Organització Industrial i doctora per l'UPC. Imparteix docència a l'Escola Tècnica Superior d'Enginyeria Industrial de Barcelona (ETSEIB), en assignatures de mètodes quantitatius i d'enginyeria d'organització, logística i *supply chain*. La seva activitat de recerca, a l'Institut d'Organització i Control de l'UPC, es centra, d'una banda, en el desenvolupament de conceptes, models i instruments per al disseny de la *supply chain* i, de l'altra, en el disseny i aplicació de tècniques quantitatives per a la resolució de problemes de disseny, planificació i programació de sistemes productius i logístics (en sentit ampli). Ha participat en nombrosos projectes de recerca i és autora o co-autora de llibres i d'articles publicats a revistes científiques d'àmbit internacional. (http://futur.upc.edu/AmaiaLusaGarcia)

Made in the USA
Monee, IL
05 November 2026

67380493R00068